大学生理工专题导读
——熵

[美] 多恩·S. 莱蒙斯 (Don S. Lemons)　著

刘富成　译

U0218168

机械工业出版社

图书在版编目（CIP）数据

大学生理工专题导读．熵/（美）多恩·S. 莱蒙斯（Don S. Lemons）著；刘富成译．—北京：机械工业出版社，2022.5
书名原文：A Student's Guide to Entropy
ISBN 978-7-111-70521-5

Ⅰ．①大⋯　Ⅱ．①多⋯②刘⋯　Ⅲ．①熵　Ⅳ．①O

中国版本图书馆 CIP 数据核字（2022）第 058924 号

机械工业出版社（北京市百万庄大街 22 号　邮政编码 100037）
策划编辑：汤　嘉　　　责任编辑：汤　嘉
责任校对：史静怡　刘雅娜　封面设计：张　静
责任印制：常天培
北京铭成印刷有限公司印刷
2022 年 6 月第 1 版第 1 次印刷
148mm×210mm·5.625 印张·159 千字
标准书号：ISBN 978-7-111-70521-5
定价：45.00 元

电话服务　　　　　　　　网络服务
客服电话：010-88361066　机 工 官 网：www.cmpbook.com
　　　　　010-88379833　机 工 官 博：weibo.com/cmp1952
　　　　　010-68326294　金　书　网：www.golden-book.com
封底无防伪标均为盗版　　机工教育服务网：www.cmpedu.com

导　读

　　本书力求以尽可能简单的方式帮助大家理解这个难以掌握的概念——熵。

　　本书的创新之处包括从期望的性质构造统计熵，从纯粹的经典假设推导经典系统的熵，以及用统计热力学方法研究理想费米气体和理想玻色气体的熵。所有推导过程均有详细步骤，重要的应用通过 20 多个例题来突显。在每一章的末尾均附有练习题（总计大约 50 个），用来检验大家对内容的理解。

　　本书以附录的形式给出了基本术语的定义和重要成果的时间线。

　　多恩·S. 莱蒙斯是贝塞尔学院物理学荣誉退休教授，也是洛斯阿拉莫斯国家实验室的客座科学家。他在贝塞尔学院讲授了 23 年的本科物理课程。

前　言

数学家约翰·冯·诺伊曼曾经强烈建议信息理论家克洛德·香农用熵来描述信息的不确定度。这是因为它与统计力学中早就被命名为熵的物理量在结构上完全相同，此外，"没有人真正知道熵究竟是什么，所以在辩论中你总会有优势"。我们大多数人都喜欢说一些充满智慧的俏皮话，以至于不惜歪曲事实。显然，冯·诺伊曼对熵的观点是错误的。自从大约150年前熵第一次被发现以来，许多人已经理解了熵的概念。

实际上，科学家别无选择，只能理解熵，因为这个概念描述了现实世界的一个重要方面。我们知道如何计算以及如何测量物理系统的熵。我们还知道如何使用熵来解决问题，并对过程进行限制。我们了解熵在热力学和统计力学中的作用。我们还了解了物理、化学的熵与信息熵之间的平行性。

但冯·诺伊曼的妙语也说明了一个事实的核心：尽管不是不可能，但熵仍然是难以理解的。我们来看铁棒的能量是如何确定的，首先将铁棒分解成最小单元——铁原子，并将一个铁原子的能量类比于一个连接在弹簧网络上的宏观大质量物体的能量，这个弹簧网络模拟了原子与其最近原子之间的相互作用。物体的能量就是它的动能和势能（可以在基础物理实验室中研究的能量类型）之和。最后，整个系统的能量是其各部分能量的总和。

该方法的核心思想是，首先要把一个整体分解成多个部分，然后将每个部分与一个熟悉的对象进行类比，接着要识别出熟悉的对象的数量，最后把它的各个部分重新组合成一个整体。然而此种方式不能用来阐明熵，其困难在于无法识别最小部分的熵，因为单个的局部分子或原子没有熵。然而，一根铁棒有熵。熵不是一种我们可以指出的局部现象，即使在我们的想象中，也不能说："看！有熵。"如果我们执意要用不符合其本质的方式去理解一个主题，我们一定会失望的。

本书向读者介绍了如何理解熵。它强调基础概念和示例性说明，并区分不同类型的熵：热力学熵、经典和量化统计系统的熵以及信息熵。这些熵在它们适用的系统类别上有所不同。但是，当它们可以应用于同一个对象时，它们在相同的概念中命名相同。

作为导读，本书适合自学，这是因为它具有以下几个特点。本书内容绝不仅仅是"可以显示的最终结果"，它包含了推导过程，并且每个推导过程都有明确的步骤；数学方法不断被使用和重复，并且每一个关于物理的部分都在不同的章节中被重现；实例展现重要应用。粗体字通常表示"注意，这是一个定义。"这些定义通常以扩展形式出现，并被收集在附录Ⅲ专业术语中。大部分章末习题都附有参考答案。

鲁道夫·克劳修斯、路德维希·玻耳兹曼、马克斯·普朗克、克洛德·香农等人在大约100年的时间里发展了熵的概念。用一条时间线可以将这些人和发展信息串联起来。公式表中包含了有用的恒等式和展开式。

本书的中间章节，从第2~7章，给出了一个以熵为中心的平衡统计力学导论。熵不仅是通向包括黑体辐射和理想量子气体等在内的重大成果的有效途径，专注于熵还可以使人更加接近物理学的本质。

具有热力学和统计物理学基础的读者将会注意到本书的几个独有的特征，其中之一就是统计熵的构建方式，从数学期望的属性中一步一步地推导。该构建过程的第一阶段在第2.4节中完成，最后一个阶段在第4.5节中完成。另一个特征是经典系统的熵完全通过经典假设推导而来，此部分内容在第2.4节。大多数教材并没有费心去构建一个连贯的经典统计力学，而是用相应的量子描述的半经典极限来处理问题。第三个特征是理想费米气体（见第6.3节）和理想玻色气体（见第7.3节和第7.4节）是通过平均能量近似的方法（见第6.4节）从其熵函数的性质发展而来的，而非来自配分函数和状态密度函数。这种构建方式和推导过程的逻辑是整洁、有效的。

在写这本书的过程中，对我来说最重要的是将语言和数学公式紧密联系起来，并将简单的概念转化为简单的数学表达式。如果说整体是复杂的，我总是说，部分是简单的。我的目标是把"简单"写得易懂，把"复杂"写得清楚明了。

假设我在某种程度上取得了成功，这在很大程度上取决于那些帮助我的人。特别值得感谢的是 Ralph Baierlein，他仔仔细细地反复阅读了全文，无私地给出了他的专业建议。Ralph 修正了几个重要的失误，提高了文本的可读性，并总结了来自德语的内容。Anthony Gythiel 提供了德语翻译。Rick Shanahan 同样仔细阅读并评论了全文。Dale Allison、Clayton Gearhart、Galen Gisler、Bob Harrington、Carl、Helrich 和 Bill Peter 阅读并评论了本书的各个部分。Hansvon Baeyer，Andrew Rex 和 Wolfgang Reiter 亲切地回答了我的问题。威奇塔州立大学热物理课程中的学生不断提醒我完成自己的目标。我很感激这些同事、朋友和学生。

目　录

1

第 1 章

热力学熵

1.1 热力学和熵

毫无疑问，熵来源于热力学第一定律和热力学第二定律。我们的目的并不是重复这种结论，而是关注熵的概念、意义和应用。由于很多原因，熵只是一个中心概念，它在热力学中的主要作用是**量化热力学过程的不可逆性**。这句话中的每个术语都值得详细说明。在这里，我们定义**热力学和过程**；在后续章节中，我们讨论**不可逆性**。我们还将学习熵，或者更准确地说，通过熵的差异，我们可以知道孤立系统的哪些过程是可能的，哪些是不可能的。

热力学是一门研究由多个部分组成的宏观物体的科学。热力学系统的大小和复杂性使我们能够简单地用少量几个**平衡**或**热力学变量**来描述它，例如，压力、体积、温度、质量、物质的量、内能，当然还有熵。无论是气体、液体、固体，还是由磁化部件组成的各种系统，其中一些变量可以通过不同形式描述的**物态方程**与其他变量相关联。

当描述系统的变量从一组值变为另一组值时，即从一个**热力学状态**变为另一个热力学状态时，热力学系统经历了一个**热力学过程**。因此，我们通过指定初始状态、最终状态和发生变化的特定条件来描述热力学过程。特定条件包括：**等能量**的，也就是说，当系统完全孤立时，能量是恒定的；**绝热**的，即系统在一个绝热边界内；**准静态**的，也就是说，系统缓慢地占据一系列连续的热力学状态，每一个状态都处于平衡态，可以用热力学变量来表示。热力学本身对一个过程的展开速度没有任何说明。

热力学定律也限制了热力学系统从一种状态进入另一种状态的方式。

热力学第一定律是应用于热力学系统内能的能量守恒定律。**内能不包括系统因整体位置或运动具有的能量**。根据热力学第一定律，只有两种方法可以改变给定热力学系统的内能：（1）吸热或放热；（2）对系统做功或者是系统对外界做功。热力学第一定律的定量表达式为

$$\Delta E = Q + W \tag{1.1}$$

当热力学系统从能量为 E_i 的初始状态转变为能量为 E_f 的最终状态时，其内能 E 的增量为 $\Delta E = E_f - E_i$。Q 是系统被加热时所吸收的能量，W 表示转变过程中外界对系统所做的功。这些量有正负之分，当 $Q < 0$ 时，表示系统向外界放热，而当 $W < 0$ 时，表示系统对外做功。〔注意，有些教材以相反的方式定义 W 的符号，即当 $W < 0$ 时，表示外界对系统做功。在这种情况下，热力学第一定律表示为 $\Delta E = Q - W$ 而不是式（1.1）。〕

当这些变化为无限小时，热力学第一定律就变成了

$$dE = \delta Q + \delta W \tag{1.2}$$

与符号 δQ 和 δW 不同，dE 强调 E 是系统的状态量，而 Q 和 W 不是。热量 Q 和 δQ，以及所做的功 W 和 δW，仅表示以不同的方式传入或传出系统的能量的数量。（我们还没有一个标准的方法来分辨状态参量的微分和一个非状态参量的无穷小。这里 dE 中的 d 表示第一种情况，δQ 和 δW 中的 δ 表示第二种情况。其他教材采用了其他的方式来解决这一标记问题。）因此，热力学系统包含能量，但是不能包含热量或做功，如图 1.1 所示。

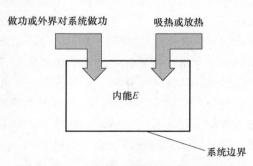

图 1.1 热力学系统的内能 E 只能通过两种方式改变：（1）吸热或放热；（2）做功

1.2 可逆过程和不可逆过程

微观粒子之间的所有相互作用都是**可逆**的。最简单的相互作用是两个微观粒子之间的碰撞。当一个粒子接近另一个粒子时，它们之间通过引力、电磁力或核力相互作用，然后彼此远离。有趣的是，将这种碰撞过程的视频进行倒放，在物理中也是同样可以理解的。考虑用一个白色的主球撞击一个处于静止状态的彩球的过程，碰撞后，如果我们精确地使这两个球以相反的速度运动，使得彩球撞击白球，就可以把它们各自恢复到其初始运动状态。显然，这种逆转可以实现且不会违反任何牛顿运动定律，因为牛顿运动定律或在微观粒子相互作用中并没有任何一个优先的时间方向。因此我们说微观粒子之间的相互作用在**时间上是可逆的**。

然而在由多个部分组成的热力学系统中，情况并非如此。事实上，热力学过程通常都是**不可逆**的。一杯放在厨房桌子上的热咖啡总是会冷却下来。我们从未观察到一杯处于室温的咖啡从空气中吸取能量并自行加热。当热物体和冷物体热接触时，热物体总是被冷却，而冷物体总是被加热，直到两者都达到中间温度。我们从未观察到这些过程以相反的顺序发生。热力学不可逆过程的逆过程是令人难以置信的。

热力学可逆性

然而，在一种特殊的情况下我们可把热力学过程看作可逆的。如果系统或者环境仅仅进行一个无限小的变化就可以逆转过程的方向，那么这个过程在热力学上就是可逆的。卡诺（1796—1832）提出**热力学可逆性**的概念就是为了阐述和证明现在所说的**卡诺定理：效率最高的热机是可逆热机**。

可逆的热力学过程必须是：（1）准静态的，即无限缓慢的；（2）没有摩擦或耗散（内部摩擦）。例如，在图 1.2a 所示的活塞压缩流体的过程中，当活塞施加在流体上的力 $pA+\varepsilon$，比压强为 p 的流体施加在活塞区域 A 上的力 pA 大一个非常小的量 ε 时，活塞准静态、无摩擦地压缩流体。相反，当活塞施加在流体上的力比 pA 小一个无限小量，即为 $pA-\varepsilon$ 时，流体就会准静态膨胀。因此，这些过程都是热力学的可逆过程，因为它们的方向可以通过系统或环境的无限小变化来逆转。以相同的方式，当两个系统之间保持一个极小的温差时，一个系统对另一个系统的加热或冷却也是可逆的，如图 1.2b 所示。显然，热力学可逆性是理想的，可以无限接近但无法完全实现。所有实际发生的热力学过程都是不可逆的。

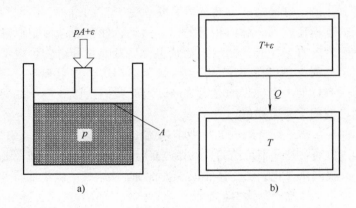

图 1.2 a）无摩擦的活塞可逆地压缩流体

b）具有极小温差的两个系统相互可逆地加热和冷却

总结一下：所有基本过程都是可逆的，因为人们可以假设在不违反物理定律的情况下逆转它们的变化方向。另一方面，所有非理想化的热力学过程都是不可逆的。实际上，热力学过程总是朝着一个方向发展。

洛施密特佯谬

然而，如果像人们普遍认为的那样，一个热力学系统是由大量微观粒子组成的，而一个热力学过程是由许多基本过程相互作用组成的，那么为什么不是所有的热力学过程都是可逆的？洛施密特（1821—1895）在 1876 年提出了这个问题。到目前为止，我们仍然没有完全令人满意的答案。许多可逆的基本过程并不一定构成可逆的热力学过程，这被称为**洛施密特佯谬**或**可逆性佯谬**。我们未能解决洛施密特佯谬，这表明支配基本粒子相互作用的定律并不能形成一个完整的自然图像，需要额外增加与热力学第二定律相当的新定律。

例题 1.1　可逆过程还是不可逆过程?

问题：活塞经准静态过程压缩封闭在腔室中的气体。为了压缩气体，活塞必须克服因活塞头摩擦腔室侧面而引起的 0.01N 的力。作用在气体上的工作过程是可逆的还是不可逆的?

解：该工作过程虽然是准静态的，但是包含摩擦。因此，该过程是不可逆的。为了将准静态压缩变为准静态膨胀，施加在活塞上的力必须以 2×0.01N 的有限量改变。

1.3　热力学第二定律

热力学第二定律有许多逻辑上等价的表述。不出意料，最早的表述也是最容易理解的。克劳修斯（1822—1888）在 1850 年首次确定了热力学第二定律的一种描述。为此，克劳修斯将关于加热和冷却的日常观察总结为一般规律：**较冷的物体不可能加热较热的物体**。

通过**加热（冷却）**物体，可以将能量传递给（出）物体而无须做功。**较冷的物体**是指的是温度较低的物体，而**较热的物体**则是指温度较高的物体。我们稍后将更详细地讨论温度。目前，将温度视为在某种程度上测量的热度程度就足够了。

热　源

克劳修斯表述和其他表述的热力学第二定律，以**热源**的方式表达最方便。根据定义，无论经历多少加热或冷却，热源都保持相同的温度。因此，热源具有无限的热容量，就好像它无限大。应用热源的概念，克劳修斯的第二定律表述为：不可能存在这样一个过程，其唯一的结果是使一个温度为 T_C 的热源通过冷却失去能量 Q，而一个温度为 T_H（$T_H>T_C$）的高温热源通过加热获得能量 Q。

1851 年，威廉·汤姆孙（1824—1907），后来被称为开尔文勋爵，提出了另外一种截然不同的热力学第二定律表述。开尔文的热力学第二定律涉及**热机**，就是用温差来做功的装置。热力学第二定律的开尔文表述：**不可能制成这样一种热机，只从单个热源吸收热量 Q，使之完全转变为有用的功 $W=Q$，而不引起其他变化。**

根据热力学第一定律，热力学第二定律的开尔文的表述与克劳修斯表述是等价的。至于选取哪一种表述取决于个人喜好以及方便性。如果人们想要在自然现象中使用热力学第二定律，就会采用克劳修斯表述。如果人们想要在技术领域内使用第二定律，就会采用开尔文表述。图 1.3 用图像说明了这些不可能的过程，并用符号 ⊘ 标记它们，表示"违反热力学第二定律"。

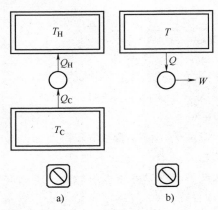

图 1.3 a）克劳修斯表述的第二定律禁止这样一个过程，该过程的唯一结果是使一个温度为 T_C 的热源通过冷却失去能量 Q_C，并使温度为 T_H（$T_H > T_C$）的高温热源通过加热获得能量 Q_H，这里，$Q_H = Q_C$。
b）开尔文表述的第二定律禁止这样一个热机，其唯一结果是使单个热源通过冷却失去能量 Q 并将其完全转化为功 $W=Q$

热力学第二定律和不可逆性

热力学第二定律也可以用不可逆过程的语言来表达。回想一下，不可逆的热力学过程是不可能完全逆转的。因此，被禁止的特定过程的另一种说法是被禁止的过程是逆转热力学不可逆过程的结果。由此，克劳修斯表述的第二定律可以表述为：**一个过程，其唯一的结果是冷却高温热源和加热低温热源，这样的过程是不可能完全逆转的。**同样，开尔文表述的第二定律可以表述为：**一个过程，其唯一的后果是功在单个热源上耗散，这样的过程是不可能完全逆转的。**每当我们的咖啡冷却下来，每当我们在地板上踏着脚步，我们都会经历或创造不可逆的过程。在接下来的内容中，我们将重点放在第一部分，即高温热源加热低温热源。为了引入不可逆性的度量，我们使用熵的概念，并根据该度量重新表述热力学第二定律。

1.4 熵和不可逆性

假设一个热力学系统，它能够以多种不同的热力学状态存在。我们用多维热力学状态空间中的一个点来表示这些状态。当然，定义状态空间的参量将取决于系统的性质。例如，因为只要两个参量就可以完全确定**简单流体**的状态，所以简单流体的状态空间是一个平面，这个点通过在两个轴上的值来定义：一个标记为能量 E，另一个标记为体积 V。现在，在热力学状态空间中选择代表两个不同状态的任意两点，连接这两种状态的路径，如图 1.4 所示。该路径上的每个点必然代表一个热力学状态，完整路径必然代表连接两个端点状态的准静态过程。

当然，非准静态过程，例如，湍流或快速爆炸过程，也可以将系统从一个热力学状态转变到另一个热力学状态。但非准静态过程不是由连续的热力学状态序列组成的，因此不能用热力学状态空间中的路径来表示。

因此，热力学状态空间中的路径必然代表一个准静态过程。准静态过程只有两种：没有摩擦或能量耗散的可逆过程以及具有摩擦或能量耗散的不可逆过程。回顾一下，一个完全可逆的过程也是一个系统及其环境只需无限小的调整就可以沿着状态空间中任一方向的路径演化的过程。而不可逆过程是一个系统及其环境需要有限大小的调整，

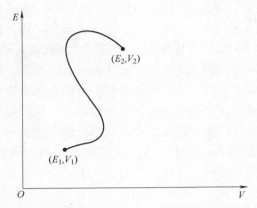

图 1.4 热力学状态空间中的两个状态，表示为
(E_1, V_1) 和 (E_2, V_2)，连接两个状态的路径

才能够沿着状态空间中任一方向的路径演化的过程。活塞在克服活塞头和腔室侧面之间的摩擦的同时非常缓慢地压缩气体，这是一个不可逆准静态过程的例子，这种过程可以用状态空间中的路径来表示。

总结一下：状态空间中路径的每个部分都代表一个准静态过程，而准静态过程又可以表现为可逆过程或者不可逆过程。

熵　差

我们寻求准静态过程不可逆性的定量度量。1865 年，克劳修斯通过发现了孤立系统的一个状态参量从而构建了这样的一个度量，该状态参量沿着一条不可逆过程的路径单调变化，并在可逆过程的路径上保持不变。因此，由可逆路径连接的孤立系统的两个状态具有相同的状态参量值，但是由不可逆路径连接的孤立系统的两个状态具有不同的状态参量值。克劳修斯发现的这种状态参量需要从热力学的第一定律和第二定律中进行详细的推导。这里不再重复那个推导过程。

克劳修斯为这个状态参量创造了**熵**这个词——一个在结构、读音和拼写上都与**能量**一词相似的词——并用符号 S 表示。克劳修斯从希腊词根 tropy 和前缀 en 得到熵（注：熵的英文为 entropy）这个词，词根 tropy 的意思是"转",前缀 en 的意思为"内"。因此,熵在字面上意味着"反转"或"向内"。似乎克劳修斯为这一概念取了个名字,这个概念在一定程度上描述了物理系统是如何**转变**的,也就是它们是如何**改变**,**发展**或**行进**的。克劳修斯自己将熵一词解释为**转化量**。我们将很快发现熵这个概念是一个更加具有启发性的隐喻。

在基于第一定律和第二定律的热力学中,克劳修斯的状态参量熵的唯一目的是提供两种状态之间的比较。例如,如果图 1.4 中所示的连接孤立系统的状态 1 和状态 2 的路径代表不可逆过程,则 $S_2 > S_1$ 或者 $S_1 > S_2$。反之,如果该路径代表可逆过程,则 $S_2 = S_1$。

一个状态的绝对熵与一个状态的绝对能量非常相似。在热力学第一和第二定律中,绝对能量以及绝对熵是没有意义的,真正有意义是能量差和熵差。热力学第三定律确实允许我们给绝对熵的概念赋予一个意义。但是在探索第三定律之前,我们将在接下来的几节中确定如何通过孤立系统的两个状态之间的熵差来量化连接这两个状态的过程的不可逆性。

1.5 不可逆性的量度

量化孤立系统演化的不可逆性的关键是要求复合系统的熵的增量 ΔS 在其各部分上满足相加性。形式上可以表示为

$$\Delta S = \sum_j (S_{f,j} - S_{i,j}) = \sum_j \Delta S_j \tag{1.3}$$

其中 $S_{f,j}$ 是系统第 j 部分的最终熵,$S_{i,j}$ 是系统第 j 部分的初始熵,$\Delta S_j = S_{f,j} - S_{i,j}$ 是系统第 j 部分的熵的增量。如图 1.5 所示,复合系统的熵的增量 ΔS 是其各部分的熵的增量之和。

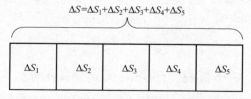

$$\Delta S = \Delta S_1 + \Delta S_2 + \Delta S_3 + \Delta S_4 + \Delta S_5$$

图 1.5 复合系统的熵的增量 ΔS 是各部分之和

更进一步，我们将这些想法应用于一个特定的过程：一个温度为T的热源通过吸收能量Q来加热。或者，如果热源被冷却，则$Q<0$。因此，如果热源的熵增加了，则增量ΔS仅是两个量的函数——热源温度T和热量Q，其中Q的正负表示吸收的热量（$Q>0$）或者是放出的热量（$Q<0$）。（此处的热量是指通过加热或冷却吸收或放出的能量。）

这种关系可以表示为方程

$$\Delta S = f(T, Q) \tag{1.4}$$

注意，这里我们并没有对系统加热或者冷却过程施加特殊限制。方程式（1.4）中描述的加热或冷却过程可以是可逆的，也可以是不可逆的。

应用相加性

可加性式（1.3）严重限制了函数$f(T, Q)$的形式。例如，如果我们将吸收了热量Q的具有单一温度T的热源分成两个相同的部分，每个部分仍然具有温度T，并且每个部分吸收一半的热量$Q/2$。由于复合系统的熵的增量是其各部分的熵的增量之和，即$f(T, Q) = f(T, Q/2) + f(T, Q/2)$，相当于$f(T, Q) = 2f(T, Q/2)$。如果不是将热源分成两个相同的部分，而是将它分成$n$个相同的部分，则有

$$f(T, Q) = nf\left(T, \frac{Q}{n}\right) \tag{1.5}$$

式（1.5）只有一个非平凡解，即

$$f(T, Q) = g(T)Q \tag{1.6}$$

其中$g(T)$是一个关于温度T的尚未确定的函数。[取式（1.5）关于n的偏导数并求解得到的偏微分方程可以得到式（1.6）]因此，当温度为T的热源吸收或放出热量Q时，其熵变为

$$\Delta S = g(T)Q \tag{1.7}$$

具有两个热源的孤立系统的熵

接下来，我们将这些思想应用到一个包含两个热源的复合孤立系

统，该系统经历以下不可逆过程：较热的热源直接加热较冷的热源，
这样能量 Q 从较热的热源传递到较冷的热源，如图 1.6 所示。由于较
冷的热源吸收能量 Q 而较热的热源放出能量 Q，因此它们的熵的增量
分别为 $\Delta S_C = g(T_C)Q$ 和 $\Delta S_H = -g(T_H)Q$。（这里 $Q>0$。）根据这些表达
式以及相加性式（1.3），该双热源系统的熵的增量为

$$\Delta S = [g(T_C) - g(T_H)]Q \qquad (1.8)$$

如果该孤立系统的两个热源具有相
同的温度，那么 $\Delta S = 0$。如果它们的
温度 T_H 和 T_C 不同，则热量从较热
的热源不可逆地流向较冷的热源，
那么 $\Delta S \neq 0$。用这种方式，熵的增
量 ΔS 量化了孤立系统热力学过程的
不可逆性。简而言之，当过程可逆
时，$\Delta S = 0$；当不可逆时，$\Delta S \neq 0$。

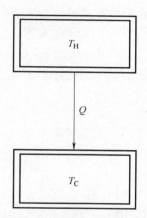

克劳修斯采用了一个约定：
当一个孤立系统在热力学第二定律
允许的方向上不可逆转地演化时，
它的熵就会增加。因此，根据克劳
修斯的约定，当式（1.8）中 $T_H > T_C$
时，$\Delta S > 0$。该约定意味着 $g(T_C) -
g(T_H) > 0$，因此 $g(T)$ 必须是关于
温度 T 的非负的递减函数。

图 1.6　温度为 T_H 的热源不可逆
地加热温度为 T_C（$T_C < T_H$）较冷
的热源。在此过程中，能量 Q 从
较热的热源传递到较冷的热源

可逆吸热和放热

我们可以通过将 Q 限制为一个无限小量 δQ，从而轻松克服 $\Delta S =
g(T)Q$ 对热源的限制。当然，通过吸热或放热而传递无限小热量 δQ
肯定是一个可逆过程，因为这种传递的方向可以通过系统或其环境的
无限小变化来逆转。在这种情况下，$\Delta S = g(T)Q$ 可以简化为另一个表
达式

$$dS = g(T)\delta Q \qquad (1.9)$$

它适用于通过加热或冷却的方式吸收（$\delta Q>0$）或放出（$\delta Q<0$）无限小能量 δQ 的温度为 T 的任何热力学系统。毕竟，相对于无限小的加热或冷却量，任何有限的系统都像一个热源。同样，要注意式（1.9）中状态参量的微分 dS 与无限小增量 δQ 之间的区别。

总　结

我们停下来总结一下到目前为止的进展。熵的增量 ΔS 是系统各部分的相加。根据此要求，对于一个温度为 T 的热力学系统，无论是吸收（$\delta Q>0$）还是放出（$\delta Q<0$）的能量为 δQ 时，其熵的增量为 $dS=g(T)\delta Q$。函数 $g(T)$ 是关于 T 的非负的递减函数。

根据克劳修斯的工作，只有当孤立系统可逆地演化时，熵才能保持不变，而当它不可逆地演化时，熵必然会增加。这些陈述的内容用热力学第二定律的熵表述为：**孤立系统的熵不能减少。**

例题 1.2　焦耳自由膨胀

问题：隔板将容器分成两部分。一部分含有气体，另一部分为真空。快速将隔板抽开，气体向真空室自由膨胀并填满整个容器，前后温度不变，此过程称为焦耳膨胀，即自由膨胀，如图 1.7 所示。此过程中气体的熵是增加、减少还是保持不变？为什么？

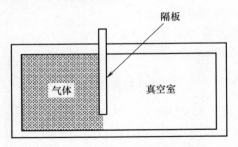

图 1.7　气体的焦耳自由膨胀

解：根据热力学第二定律的熵表述，孤立系统的熵不能减少。容器、隔板和气体构成一个孤立的复合系统，其熵不会降低。由于容器体积不变，隔板移除后仅仅是单个对象的空间重排，因此这些部分的熵不会改变。因此，气体的熵不会减少，它只能增加或保持不变。然而，孤立系统的熵只有在经历可逆变化时才会保持不变。

只有当过程的方向可以通过系统或其环境的无穷小变化逆转时，或者没有摩擦或能量耗散的准静态过程，才是可逆过程。这两个条件在这里都不满足。尤其是快速移除隔板的过程，必然不是准静态的。因此，气体的熵必然增加。

例题 1.3 鸡蛋—路面系统

问题：一个鸡蛋从第二层窗户掉下，落到人行道上，摔碎了。鸡蛋的熵是增加、减少还是保持不变？为什么？

解：我们再次应用热力学第二定律的熵表述：孤立系统的熵不能减少。由于鸡蛋撞击路面，我们必须将路面和鸡蛋合在一起，组成熵不能降低的复合孤立系统。鸡蛋的破裂当然不是一个可逆的变化，因为它不能被鸡蛋或路面上微小的变化所逆转。因此，这个过程是不可逆的。于是鸡蛋—路面系统的熵增加。显然可以合理地假设路面变化不大，因此大部分或全部的熵的增加发生在鸡蛋上。

1.6 卡诺效率和卡诺定理

热力学第二定律的熵描述说明孤立系统的熵不能减少，于是就有了卡诺定理：**效率最高的热机是可逆热机**。为了说明这一点，我们考虑最简单的卡诺热机，如图 1.8 所示。它从较热的热源中提取能量 Q_H，并向较冷的热源放出无用的能量 Q_C，作为孤立系统的一部分，该热机对外做功 W。

孤立系统的熵为

$$\Delta S = -Q_H g(T_H) + Q_C g(T_C) \qquad (1.10)$$

根据热力学第一定律，Q_H、Q_C 和 W 的关系为

$$Q_H = W + Q_C \qquad (1.11)$$

根据定义，该热机的效率 ε 为做功 W（热机的效益）除以消耗的热量 Q_H（成本），即

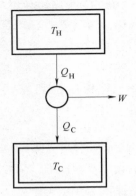

图 1.8 热机可以通过在一个高温热源和一个低温热源之间
运行的方式做功，这种热机是最简单的。如果这种最
简单的热机是可逆的，那么它被称为卡诺热机

$$\varepsilon = \frac{W}{Q_H} \qquad (1.12)$$

根据式（1.11）和式（1.12），可知 $0 \leqslant \varepsilon \leqslant 1$。利用式（1.11）和
式（1.12）消除式（1.10）中的 Q_H 和 Q_C，则有

$$\Delta S = \frac{W g(T_C)}{\varepsilon}\left[1 - \varepsilon - \frac{g(T_H)}{g(T_C)}\right] \qquad (1.13)$$

因此，效率 ε 越大，熵的增量 ΔS 越小。由于孤立系统的熵不能减小，
即 $\Delta S \geqslant 0$，当 $\Delta S = 0$，即热机可逆运行时，获得最大可能的效率 ε，
此时工作在两个热源之间的热机具有最大效率

$$\varepsilon_C = 1 - \frac{g(T_H)}{g(T_C)} \qquad (1.14)$$

即为**卡诺效率**，这种最简单的可逆热机被称为**卡诺热机**。

1.7 绝对温度或者热力学温度

无论是熵的增量 $dS = g(T)\delta Q$ 还是卡诺效率 $\varepsilon_C = 1 - g(T_H)/g(T_C)$
都还没有被完全量化，因为这个非负的关于温度 T 的递减函数 $g(T)$

尚未给定。继 1824 年卡诺提出了卡诺定律的 24 年后，也就是克劳修斯在 1850 年区分、完善热力学第一和第二定律的两年前，威廉·汤姆孙在 1848 年非常巧妙地弥补上了这一缺失。

温　度

什么是**温度**？温度计可以测量温度，但什么是**温度计**？温度计将**温度变量**按照特定的**温标**（例如华氏度或摄氏度）与特定的数值唯一地相关联，这些温度变量可以是体积、电阻、颜色或一些其他热力学参量。以图 1.9 中所示的玻璃水银温度计为例，小口径玻璃管中的水银柱的长度是温度变量，而排列在玻璃管侧面的数字排列定义了温标。

威廉·汤姆孙的想法是使用卡诺热机，即工作在两个热源之间的可逆热机，作为温度计，其效率 ε_C 作为温度变量。当然，卡诺热机只是一种可以无限接近但永远无法达到的理想模型。毕竟，可逆热机只能发生在没有摩擦或者能量耗散的无限缓慢的过程之中。实际上我们无须关心是否能够制造一个完全可逆的热机，更何况热源也只是一个理想模型！我们只需确定一个可能的最佳近似值即可，如有必要，可对结果进行推断。

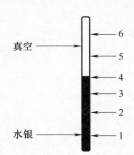

真空 ←

水银 ←

图 1.9　具有（任意）温标的玻璃水银温度计

尽管不太容易实现，但是这个想法非常简单。首先，规定某个方便且通用的标准状态的温度为标准温度 $\overline{T}_S$。**水的三相点**（水、冰和水蒸气三相平衡）就是一个非常好的标准态。其次，测量两个热源之间的可逆热机的效率 ε_C，其中一个热源与标准态处于热平衡，另一个与温度为 $\overline{T}_X$ 的待测系统处于热平衡。第三，如果 $\overline{T}_X < \overline{T}_S$，令

$$\overline{T}_X = \overline{T}_S(1-\varepsilon_C) \tag{1.15a}$$

如果 $\overline{T}_X > \overline{T}_S$，则令

$$\overline{T}_X = \frac{\overline{T}_S}{1-\varepsilon_C} \tag{1.15b}$$

以这种方式确定的温度 $\bar{T}$ 称为**绝对温度或热力学温度**，而由其他类型的温度计确定的温度 T 叫作**经验温度**。

此算法给定的绝对温度或热力学温度 $\bar{T}$ 适用于任何系统，特别是工作在高温热源和低温热源之间的可逆热机。根据方程（1.15）规定的热力学温度，在两个热源之间运行的可逆热机的卡诺效率由下式给出

$$\varepsilon_{\mathrm{C}} = 1 - \frac{\bar{T}_{\mathrm{C}}}{\bar{T}_{\mathrm{H}}} \qquad (1.16)$$

其中 $\bar{T}_{\mathrm{H}}$ 和 $\bar{T}_{\mathrm{C}} < \bar{T}_{\mathrm{H}}$ 都是绝对温度或热力学温度。

绝 对 温 标

绝对温度或热力学温度的基本特征是任何两个温度的比例，例如 $\bar{T}_{\mathrm{C}}/\bar{T}_{\mathrm{H}}$，$\bar{T}_{\mathrm{C}}/\bar{T}_{\mathrm{S}}$，或是 $\bar{T}_{\mathrm{H}}/\bar{T}_{\mathrm{C}}$ 与用于表示各个温度 $\bar{T}_{\mathrm{C}}$、$\bar{T}_{\mathrm{H}}$ 或是 $\bar{T}_{\mathrm{S}}$ 的标度无关。例如，在**国际单位制**（SI）中，规定水的三相点的绝对温度为 $\bar{T}_{\mathrm{S}} = 273.15\mathrm{K}$。这样，在水的正常冰点 273.15K 和水的正常沸点 373.15K 之间有 100K。绝对温度的 SI 单位是开尔文，以开尔文勋爵的名字命名（威廉·汤姆孙），符号为 K。美国和加拿大的工程师有时也会使用**兰金温标**，它规定水的三相点温度为 $\bar{T}_{\mathrm{S}} = 491.688°\mathrm{Ra}$，兰金度的大小与华氏度的大小相同。

在 SI 中，所有其他类型的温度都被定义为开尔文温度的线性函数。从一种温度到另一种温度可以直接转换，例如，要将 23℃ 转换为开尔文温度，我们只需将 23 加上 273 就可以获得 296K。要将 68℉ 转换为℃，则将 68 减去 32 后再乘以 5/9，获得 20℃。

熵 的 增 量

函数 $g(T)$ 决定了温度为 T 的热力学系统的熵的增量 $\mathrm{d}S = g(T)\delta Q$，它可以通过卡诺效率的两个表达式来计算，即经验温度表示的式（1.14）和绝对温度表示的式（1.16）。根据两式相等，则有

$$1 - \frac{\bar{T}_{\mathrm{C}}}{\bar{T}_{\mathrm{H}}} = 1 - \frac{g(T_{\mathrm{H}})}{g(T_{\mathrm{C}})} \qquad (1.17)$$

即，$\bar{T}_{\mathrm{C}}g(T_{\mathrm{C}}) = \bar{T}_{\mathrm{H}}g(T_{\mathrm{H}})$。于是 $g(T) = c/\bar{T}$，其中 c 是与温度无关的任

意常数。选择 $c=1$ 可得 $g(T)=1/\overline{T}$ 以及 $dS=\delta Q/\overline{T}$，这里熵的单位是一个导出单位，等于能量单位除以绝对温度单位。例如，在 SI 中，单位为焦耳每开尔文。

虽然绝对温度和经验温度在概念上是不同的，但保留两组符号 $\overline{T}$ 和 T 并没有任何实际意义。出于此种原因，我们删除了 $\overline{T}$ 的上划线，此后，无论是绝对温度还是经验温度均使用相同的符号 T。至于具体是哪种类型的温度，可以根据实际情况确定。

绝对温度的普遍性和简洁性

绝对温度是普遍的，因为它的定义与任何一种物质或物相无关。但它们最重要的优点是它们可以将所有热力学表达式（包括所有的物态方程）简化为最简单的形式。例如，卡诺效率不再是 $\varepsilon_C=1-g(T_H)/g(T_C)$，而是

$$\varepsilon_C=1-\frac{T_C}{T_H} \qquad (1.18)$$

微分熵的增量 $dS=g(T)\delta Q$ 变为

$$dS=\frac{\delta Q}{T} \qquad (1.19)$$

在式（1.18）和式（1.19）以及其他从绝对温度推导出的表达式中，必须使用开尔文温度或兰金温度。

绝对温度简化了包括物态方程在内的所有热力学表达式。式（1.19）表示的熵的增量在推导物态方程中起着十分关键的作用，这个问题我们将在下一节讨论。如果用华氏温度，则理想气体状态方程表达式为 $pV=nR[273+5(T-32)/9]$。显然表达式 $pV=nRT$ 更加简洁，更加漂亮，更加实用！

1.8　热力学第二定律的结果

我们根据熵的增量 $dS=\delta Q/T$ 以及热力学第二定律的熵描述（**孤立系统的熵不能减少**）可以获得很多重要的结果，其中之一就是热力

学第二定律的克劳修斯表述。为了使得热力学第二定律的熵表述与克劳修斯表述是等价的，我们必须将函数 $g(T)$ 选取为一个非负的，关于温度 T 的递减函数。

热力学第二定律的熵描述的第二个结果就是热力学第二定律开尔文描述：**不可能制成一种热机，只从一个热源吸取热量 Q，使之全部转化为有用的功 $W=Q>0$，而不产生其他影响。**

如果有这样一个热机，其熵的增量 $\Delta S = -Q/T$ 是负的，则违反了热力学第二定律的熵表述。该观点认为热机所做的功不会改变热源或外界的熵。例如，我们可以在不改变任何系统的熵的条件下，可以利用这个功来提升重物。（注意：在本段和本节的全部内容中，Q 和 W 是无符号的，即非负量。其符号代表着吸热或者放热，系统对外做功或者是外界对系统做功。）

第三个结果是热力学第二定律的另一个非正式的表述：**从温度为 T_H 的热源吸取热量 Q_H，向温度为 $T_C < T_H$ 的热源放出热量 Q_C 并对外做功 W 的热机是最简单的热机。** 因为 1824 年萨迪·卡诺在他的著名文章《火的动力》中强调了这一点，所以我们将其称为卡诺表述的热力学第二定律。显然，热机既需要高温热源也需要低温热源。为了使由两个热源组成的复合孤立系统的熵不减少，高温热源损失的熵的变量 $-Q_H/T_H$ 必须小于或者等于低温热源获得的熵的变量 Q_C/T_C，即 $-Q_H/T_H + Q_C/T_C \geq 0$。热力学文献很少提及卡诺表述的热力学第二定律，这是因为卡诺自己都不知道他的发现是一个新的自然法则。此外，卡诺分析和应用热量理论时，错误地认为 $Q_H = Q_C$，而不是热力学第一定律描述的 $Q_H = Q_C + W$。毕竟，此时距离让人们普遍接受关于热力学第一定律的焦耳所做的精密实验还有至少 20 年的时间。

虽然在这里以及在第 1.6 节中，我们采用热力学第二定律的熵表述推导出了卡诺定理以及热力学第二定律的克劳修斯表述、开尔文表述和卡诺表述，但事实上，在 1865 年克劳修斯提出熵的概念之前，这四个结论都已经被人们发现了——1824 年卡诺表述的热力学第二定律和卡诺定理，1850 年克劳修斯表述的热力学第二定律，以及 1851 年开尔文表述的热力学第二定律。无论是用何种方式表述的热力学第二定律，以及热力学第一定律，它们都构成了经典热力学的基础。特别地，任何一种表述形式都可以证明卡诺定理以及我们之前的断言：状态参量熵 S 是存在的，且复合系统的熵的增量 ΔS 是各部分之和。

熵和稳定性

最后，我们再介绍一个热力学第二定律的熵表述的结果，它具有很重要的实际意义。热力学第二定律的熵表述：**孤立系统的熵永远不能减少**。受到该定律的限制，孤立系统的熵只能增加，如果其内部各部分都用绝热壁隔开，则系统的熵将不再改变，则这个系统被称为**热力学稳定的**。反之，如果引起孤立系统的熵增加是其他原因，例如其内部较热部分加热其较冷部分，则该系统被称为**热力学不稳定的**。最终，当这个系统的不同部分达到热平衡时，它从热力学不稳定状态返回热力学稳定状态。

然而，利用熵来确定系统的热力学稳定性有时并不是很方便，这是因为我们往往遇到的是非孤立系统。热力学系统的温度和压强通常是跟外界热交换以及力学接触来维持的。以开放的烧杯中的液体为例，此时我们关心的问题不在于系统的熵是否会**增加**，而是它的吉布斯自由能是否会**减少**。吉布斯自由能表达式为

$$G = E - TS + pV \tag{1.20}$$

如果吉布斯自由能 G 可以减小，则系统不稳定；如果吉布斯自由能 G 不再减少，则系统是稳定的。关系式（1.20）表明吉布斯自由能的最小值与熵的最大值相关。这两种方式都可以判断稳定性，但它们适用于不同的情况：最大熵方法适用于孤立系统，而最小吉布斯自由能方法适用于等温等压条件下的热力学系统。我们将在第 7 章中探讨基于吉布斯自由能的稳定性条件。

例题 1.4　汽车发动机效率

问题：汽车发动机的效率为 37%，但此效率仅为其卡诺效率的一半。假设汽车发动机的等效低温热源是温度为 300K 的外部空气，在活塞式燃烧室中的燃料——空气混合物燃烧后产生并保持高温热源，

则高温热源的绝对温度或热力学温度是多少？

解： 应用卡诺效率 $\varepsilon_C = 1 - T_C/T_H$，有 $T_H = T_C/(1 - \varepsilon_C)$，从问题陈述中我们知道 $\varepsilon_C = 2 \times 0.37$ 以及 $T_C = 300\text{K}$，代入数据求得 $T_H = 1154\text{K}$。

例题 1.5　熵 发 生 器

问题： **熵发生器**由质量为 m 的物体组成，当该物体下落时，会转动浸没在黏性液体中的桨轮，如图 1.10 所示。液体与温度为 T 的热源接触。假设重物以准静态过程下落，则黏性液体和热源的熵变分别是多少？

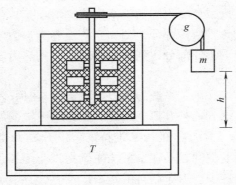

图 1.10 熵发生器

解： 当质量为 m 的物体以准静态过程下落高度 h 时，它对黏性液体做功 mgh。如果液体与热源未保持热平衡，这将导致液体的内能增加，温度升高。因此，当物体下降距离 h 时，液体将热量 mgh 传递给热源，而热源的熵增加 mgh/T，液体的熵保持不变。如果将液体和热源视为一个复合系统，则功 W 完全传递给温度为 T 的热源，该系统的熵增加 W/T。

1.9　物态方程

采用 $\mathrm{d}S = \delta Q/T$ 将 $\mathrm{d}E = \delta Q + \delta W$ 中的 δQ 消除，得到

$$\mathrm{d}E = T\mathrm{d}S + \delta W \tag{1.21}$$

它给出了热力学系统的内能 E，温度 T 和熵 S 之间的关系。这种关系或者叫作**物态方程**，它的确是存在的，并可以给出热力学系统中所有可以知道的信息。方程（1.21）要求只有以这种方式给出的信息才与热力学第一定律和第二定律一致。状态参量熵 S 在此关联中起到至关重要的作用。特别地，**当且仅当物态方程是通过方程（1.21）中的熵 S 导出时**，它才与热力学第一定律和第二定律是一致的。

然而方程 $dE = TdS + \delta W$ 并不足以说明这一事实。回顾例题 1.1，活塞压缩封闭在腔室中的气体时，压缩功 δW 不仅包括对气体做的功，还包括克服活塞头和器壁之间摩擦所需的功。只有当功 δW 可逆时，即在没有摩擦或能量耗散的准静态情况下，它才能完全被气体系统的热力学参量所描述。类似地，只有当热量 δQ 在两个系统之间可逆地传递时，这两个系统才具有相同的温度。

可 逆 做 功

如果对系统做功是可逆的，$\delta W = \delta W_{rev}$，则方程（1.21）变为

$$dE = TdS + \delta W_{rev} \qquad (1.22)$$

然而，在不同的系统中也有不同的方法实现可逆做功 δW_{rev}。对于仅用压强 p 和体积 V 描述的**简单流体**，

$$\delta W_{rev} = -pdV \qquad (1.23)$$

负号表明对流体做正可逆功 $\delta W_{rev} > 0$，并使流体体积减小 dV。简单流体只会膨胀而永远不会收缩。假设系统表面的面积为 A，表面张力为 σ，则

$$\delta W_{rev} = \sigma dA \qquad (1.24)$$

表面上的正可逆功 $\delta W_{rev} > 0$ 使表面积增加 dA。当系统是一个顺磁体时，产生外磁场 B_0 的电流通过增加顺磁体的磁化强度来做可逆功

$$dW_{rev} = \mu_0 B_0 dM \qquad (1.25)$$

在每一个例子中，对系统所做的可逆功 δW_{rev} 均是**强度量**（压强 p，表面张力 σ 或外部施加的磁场 B_0）和**广延量**（体积 V，区域 A 或净磁化强度 M）的乘积。事实上 δW_{rev} 总是可以分解为强度量和广延量的乘积。这里广延量是与系统的大小成正比的量，而强度量是指与

系统大小无关的量。

流 体 系 统

流体系统是极其重要的一个热力学系统。通过不同程度的近似，气体、液体甚至固体都可以看作流体。根据热力学第一定律和第二定律，结合 $dE = TdS + \delta W_{rev}$ 和 $\delta W_{rev} = -pdV$，可以获得简单流体中 E、T、S、p 和 V 之间的**基本约束**

$$dE = TdS - pdV \qquad (1.26)$$

通常将式（1.26）写成另一种形式

$$dS = \frac{1}{T}dE + \frac{p}{T}dV \qquad (1.27)$$

来突出熵的作用。这是因为如果熵是自变量 E 和 V 的函数，那么 $S = S(E, V)$，则它的多元微分就是

$$dS = \left(\frac{\partial S}{\partial E}\right)_V dE + \left(\frac{\partial S}{\partial V}\right)_E dV \qquad (1.28)$$

[这里 $(\partial S/\partial E)_V$ 表示在体积 V 保持不变的条件下 S 相对于 E 的偏导数。这种下标的使用在热力学教材中很常见，具有提醒我们的优点，在这种情况下，E 和 V 是两个独立的变量。当然，其他变量对也可以被指定为独立的。] 对比式（1.27）和式（1.28）可得

$$\left(\frac{\partial S}{\partial E}\right)_V = \frac{1}{T} \qquad (1.29)$$

和

$$\left(\frac{\partial S}{\partial V}\right)_E = \frac{p}{T} \qquad (1.30)$$

根据混合偏导数的恒等式 $\partial^2 S/(\partial V \partial E) = \partial^2 S/(\partial E \partial V)$，对于任意流体，有

$$\left[\frac{\partial}{\partial V}\left(\frac{1}{T}\right)\right]_E = \left[\frac{\partial}{\partial E}\left(\frac{p}{T}\right)\right]_V \qquad (1.31)$$

式中，$1/T$ 和 p/T 均为 E 和 V 的函数，分别通过式（1.29）和式（1.30）给定。

一 个 例 子

式（1.29）和式（1.30）向我们展示了如何通过熵函数 $S(E,V)$ 的导数来推导出遵循热力学第一定律和第二定律的流体物态方程。例如，摩尔数为 n 的理想气体的熵函数是

$$S(E,V) = nR\ln(VE^{C_V/(nR)}) + c \qquad (1.32)$$

其中 R 是普适气体常量，C_V 是摩尔定容热容，c 是与所有热力学状态参量无关的常数。取 $S(E,V)$ 的偏导数，得到 $(\partial S/\partial E)_V = C_V/E$ 和 $(\partial S/\partial V)_E = nR/V$。代入式（1.29）和式（1.30）中，可以获得理想气体的两个物态方程：

$$pV = nRT \qquad (1.33)$$

和

$$E = C_V T \qquad (1.34)$$

通过这种方式，熵函数（1.32）封闭了理想气体的物理性质。因此物态方程（1.33）和方程（1.34）满足对混合偏导数的要求，即式（1.31）。

逆 向 计 算

但是，如何获得熵函数？获得熵函数 $S(E,V)$ 的一种方法是从已知的状态方程出发，通过积分 $(\partial S/\partial E)_T = 1/T$ 和 $(\partial S/\partial V)_E = p/T$ 逆向计算获得。例如，对于处于平衡态的黑体辐射，其状态方程

$$p = \frac{E}{3V} \qquad (1.35)$$

和

$$E = aVT^4 \qquad (1.36)$$

其中 a 是一个被称为辐射常数的恒量。黑体辐射可以被认为是一种简单流体，因为只需要体积 V 和压强 p 就可以确定其状态。求解式（1.35）和式（1.36）获得关于 E、V 的 p/T 和 T，由此消除 $(\partial S/\partial E)_V = 1/T$ 的右边和 $(\partial S/\partial V)_E = p/T$ 的右边，可得

$$\left(\frac{\partial S}{\partial E}\right)_V = \frac{a^{1/4}V^{1/4}}{E^{1/4}} \qquad (1.37)$$

和

$$\left(\frac{\partial S}{\partial V}\right)_E = \frac{a^{1/4}E^{3/4}}{3V^{3/4}} \tag{1.38}$$

在保持 V 不变的条件下，将式（1.37）按照变量 E 积分得

$$\int \left(\frac{\partial S}{\partial E}\right)_V dE = a^{1/4}V^{1/4}\int \frac{dE}{E^{1/4}} \tag{1.39}$$

于是，

$$S(E,V) = \frac{4a^{1/4}V^{1/4}E^{3/4}}{3} + f(V) \tag{1.40}$$

这里，"积分常数" $f(V)$ 是关于 V 的未确定函数。同理，保持 E 不变，将式（1.38）按照体积 V 积分可得

$$S(E,V) = \frac{4a^{1/4}V^{1/4}E^{3/4}}{3} + g(E) \tag{1.41}$$

其中 $g(E)$ 是另一个未确定的函数。对比熵函数的两个表达式（1.40）和式（1.41），可以发现 $f(V) = g(E)$。因此，黑体辐射的熵函数是

$$S(E,V) = \frac{4a^{1/4}V^{1/4}E^{3/4}}{3} + b \tag{1.42}$$

其中 b 是一个与 E、V 无关的常数。

总　　结

　　我们总结一下。熵是一个可加状态参量，它是能量 E 和系统其他广延量的函数。通过熵函数关于广延量的偏导数，特别是 $(\partial S/\partial E)_V = 1/T$，可以获得系统的物态方程。或者，我们也可以从其物态方程逆推得到系统的熵函数。

　　熵也可以用广延量和强度量的乘积来表示。对于简单流体来说，最基本也是唯一的表达式是关于广延量 E、V 和摩尔数 n 或粒子数 N 的表达式。因此，我们将熵函数着重写为 $S(E,V)$ 和 $S(E,V,n)$ 或 $S(E,V,N)$。在其他教材中，人们可以看到以各种参量表示的熵。

　　下一节我们将介绍根据热力学第三定律而得出的熵函数。

例题 1.6 理想气体修正

问题： 引入分子间的引力降低流体的压强，从而修正理想气体的状态方程。我们使用一个与任何热力学变量无关的参数 a 来调节这种引力。修正后的压强为

$$p = \frac{nRT}{V} - \frac{an^2}{V^2}$$

为了使这对状态方程符合热力学第一和第二定律，必须以何种方式修正能量状态方程 $E = C_V T$？

解： 目前并没有可靠的算法来解决这个问题。我们首先猜测修正后的形式为

$$E = C_V T + f(V)$$

为了便于满足热力学第一定律和第二定律，选择函数 $f(V)$ 并保持 C_V 不变。求解这两个状态方程获得关于 E 和 V 的表达式 $1/T$ 和 p/T，即 $1/T = C_V/[E - f(V)]$ 和 $p/T = nR/V - aC_V n^2/\{V^2[E - f(V)]\}$。将这些结果代入式（1.31），根据混合求偏导公式有

$$\left\{ \frac{\partial}{\partial V}\left[\frac{C_V}{E - f(V)} \right] \right\}_E = \left\{ \frac{\partial}{\partial E}\left[\frac{nR}{V} - \frac{aC_V n^2}{V^2[E - f(V)]} \right] \right\}_V$$

完成这些偏导数后，我们发现 $f(V)$ 必须满足微分方程

$$\frac{\mathrm{d}}{\mathrm{d}V} f(V) = \frac{an^2}{V^2}$$

该方程的解是 $f(V) = -an^2/V$。因此，对于任意常数，修正的能量状态方程为 $E = C_V T - an^2/V$。

1.10 热力学第三定律

能量和熵在热力学中是两个平行的概念，每一个都是可加的状态参量，并且两者都各自隐含在热力学定律中：热力学第一定律给出了能量，热力学第二定律给出了熵。同时，热力学定律也给出了确定它们增量的方法。回顾一下公式 $\mathrm{d}E = \delta Q + \delta W$ 和 $\mathrm{d}S = \delta Q/T$，我们可以通

过仔细控制和测量系统吸收、放出的热量，或者系统对外做功和外界对系统做功来确定能量和熵的增量 ΔE 和 ΔS。

能量和熵在热力学中扮演着不同的角色。孤立系统的能量保持不变，而孤立系统的熵永远不会减少。热力学第三定律指出了熵的另一种与能量不平行的行为。

经验表明热力学第三定律的物理含义是：**热力学系统的熵在温度趋近绝对零度时趋于定值。**马克斯·普朗克（1858—1948）在这个经验含义中增加了一个非常有用的约定：当热力学温度 $T \to 0$ 时，熵 $S \to 0$。仔细分析普朗克约定可以发现，它实际上包含两层意思：（1）所有系统的熵在温度 $T \to 0$ 时，接近相同的常数，并且（2）接近的常数是 $S = 0$。热力学第三定律的经验含义加上普朗克的约定就构成了新的热力学第三定律：**当热力学温度接近绝对零度时，一切热力学系统的熵接近零**，其符号表达式为当 $T \to 0$，$S \to 0$。

热力学第三定律的物理含义给出了对热力学系统低温行为的限制。普朗克的约定使我们可以定义一个系统的绝对熵，并给出绝对熵的列表。此外，关于对热力学第三定律的有趣的量子统计解释将在第4章中讨论。

一 个 例 证

在这里，我们简单地检验一下是否各种模型系统的熵都服从热力学第三定律，即当 $T \to 0$ 时，$S \to 0$。例如，理想气体的熵，其一般形式为

$$S(E,V) = nR\ln V + C_V \ln E + c \qquad (1.43)$$

其中 c 代表一个与任何热力学参量无关的常数。我们使用能量状态方程 $E = C_V T$ 将式（1.43）中的能量 E 消除，改用 T 来描述，于是可得

$$S(T,V) = nR\ln V + C_V \ln T + c \qquad (1.44)$$

这里常数 c 已经被重新定义。当 $T \to 0$ 时，该函数趋于负无穷。显然，无论常数 c 如何选取，其有限值都不能使 $T \to 0$ 时 $S \to 0$。因此，理想气体的熵违反热力学第三定律。

然而，理想气体和其他不遵循热力学第三定律的模型在高温状态下仍然是有用的。如果一个模型系统违反了热力学的第一定律或第二

定律，它就没用了，我们就把它丢弃了。但如果一个模型违反热力学第三定律，我们就会意识到它的有效性是有限的。热力学第三定律既不像第一定律和第二定律那么基础，也没有第一定律和第二定律那么重要。即便如此，热力学第三定律的经验含义总是被人们所观测到，并且它不能从其他热力学定律中推导出来。

例题 1.7 热力学第三定律和黑体辐射

问题： 确定黑体辐射的物态方程是否遵循热力学第三定律？

解： 黑体辐射的物态方程为 $P = E/3V$ 和 $E = aT^4$。根据方程式（1.42）给出的熵函数 $S(E,V) = b + 4a^{1/4}V^{1/4}E^{3/4}/3$，其中 b 是与 E 和 V 无关的常数。使用能量物态方程 $E = aT^4$ 来消除 $S(E,V)$ 中的 E，得到 $S(T,V) = b + 4aV^{1/4}T^3/3$。因此当 $T \to 0$ 时，$S \to b$，并且常数 b 可以选择为零。所以黑体辐射的物态方程遵循热力学第三定律。

习 题 1

1.1 压 缩 流 体

一个重物落在活塞上并且不可逆地、绝热地压缩活塞腔内的流体系统（见图 1.11）。问流体系统的熵是增加，减少还是保持不变？为什么？

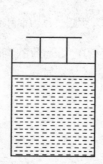

图 1.11 重物落在活塞上并不可逆地压缩气体

1.2 推 导

从方程（1.5）导出方程（1.6）（参见文字说明）。

1.3 热 容

具有恒定热容 $C=\delta Q/\mathrm{d}T$ 的物体吸收热量后，其温度从 T_i 升高到 T_f。则它的熵增加多少？

1.4 理想气体的等温压缩

对于理想气体，其压强满足状态方程为 $pV=nRT$，其内能 $E=E(T)$ 是温度未知函数。保持温度 T 不变，气体体积从初值 V_i 变为终值 V_f，其熵的增量 $\Delta S=S_f-S_i$ 是多少？（提示：积分 $\mathrm{d}S=\mathrm{d}E/T+p\mathrm{d}V/T$。）

1.5 熵 的 增 量

状态方程为 $pV=nRT$，内能为 $E=5nRT/2$ 的理想气体以准静态过程从状态 A 经过状态 B 到达状态 C，如图 1.12 所示。求此过程中 1mol 理想气体的净熵的增量 $\Delta S=S_\mathrm{C}-S_\mathrm{A}$。（提示：利用图像积分 $\mathrm{d}S=\mathrm{d}E/T+p\mathrm{d}V/T$。）

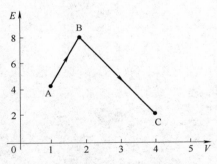

图 1.12 理想气体的准静态过程

1.6 有效的和无效的物态方程

在下面的流体物态方程中，符号 a 和 b 代表与所有热力学变量无关的正常数。

（1）$pV=aT$ 和 $E=b\sqrt{T}$；

（2）$p=E/V$ 和 $E=bT$；

（3）$p=aT$ 和 $E=bTV$；

（4） $p = aT\sin(E/V)$ 和 $E = -aT\cos(bEV)$；

（5） $p = aE$ 和 $E = bT$。

（a） 通过是否遵守混合偏导恒等式 $\dfrac{\partial^2 S}{\partial V \partial E} = \dfrac{\partial^2 S}{\partial E \partial V}$ 来判断上述 5 组物态方程中的哪两组不遵守热力学第一定律和第二定律。

（b） 对于遵循热力学第一定律和第二定律的 3 组物态方程，推导出它们的熵函数。

1.7 熵 函 数

一个简单流体的熵函数具有如下形式 $S(E, V) = aEV^2$，其中 a 是正常数。试推导出此简单流体的两个物态方程。

1.8 室 温 固 体

室温固体的一个熵函数为

$$S(E, V) = \frac{\alpha_{P_0} V}{\kappa_{T_0}} + C_V \ln\left[\frac{E}{E_0} - \frac{(V - V_0)^2}{2\kappa_{T_0} V_0 E_0}\right]$$

其中， α_{P_0}， κ_{T_0}， C_V， E_0 和 V_0 都是确定系统状态的正常数，

（a） 求出以 V 和 T 的为函数的室温固体的能量 E 和压强 p。

（b） 该系统是否遵循热力学第三定律？为什么？

1.9 有效的和无效的熵函数

对于简单的流体，在下面的这些熵函数 $S(E, V)$ 中，有些不会产生正的热力学温度，有些不遵循热力学的第三定律，有些违反了这两个要求，有些则都没有违反。确定下列哪些熵函数是无效的，并指出其无效的原因。常数 $a > 0$ 和 $b > 0$，均与所有热力学参量无关。同样 $p > 0$ 和 $V > 0$。

（1） $S(E, V) = b\ln(EV)$；

（2） $S(E, V) = b\ln(EV^2)$；

（3） $S(E, V) = b\ln(V/E^2)$；

（4） $S(E, V) = b\ln(E/V)$；

（5） $S(E, V) = aEV$；

（6） $S(E, V) = a\exp(-EV)$；

（7） $S(E, V) = aV\sqrt{E}$。

第 2 章

统 计 熵

2.1 玻耳兹曼及其原子论

物理系统的热力学观点其实是一个"黑箱"观点。监控该黑箱的输入和输出，并利用人类尺度上的仪器，例如压力计、温度计和米尺去测量它的特征。这些测量量之间的关系由热力学定律所支配。例如，热力学的第零定律要求每个与第三个处于热平衡的两个黑箱彼此之间也处于热平衡状态；热力学第一定律要求孤立的黑箱的能量永远不会改变；而热力学第二定律要求孤立黑箱的熵永远不会减少。根据这些定律和测量结果，每个黑箱都有一个熵函数 $S(E, V, \cdots)$，它依赖于一组包含黑箱系统所有已知信息的参量。

但是我们并不满足于黑箱理论——尽管其运行良好！我们想看看黑箱里面是什么样子，看看是什么让它起作用。然而，当我们研究热力学系统的黑箱时，我们会看到更多的热力学系统。例如，建筑物是热力学系统。但建筑物中的每个房间，房间中的每个柜子以及柜子中的每个抽屉也是如此。但是实际的热力学系统不能无限细分。细分到一定程度，热力学的概念和方法将不再适用。最终，热力学系统不能再被细分为更小的热力学系统，此时取而代之的是一组原子和分子。

当原子和分子的真实性仍然受到质疑的时候，奥地利物理学家路德维希·玻耳兹曼（1844—1906）就从原子和分子的角度进行了思考。对玻耳兹曼来说，原子和分子之间的区别并不是重要的，重要的是它们是真实存在的。特别是玻耳兹曼将热力学系统的熵与其原子的可能分布联系起来，并根据所有可能的原子分布的数目重新解释了热力学第二定律。据此，玻耳兹曼协助创立了热力学的统计方法。这些成就使玻耳兹曼付出了很大努力，但在他那个时代遭到了强烈抵制。

虽然原子是不可分割的最小粒子这一概念起源于公元前 5 世纪的希腊思想家留基伯和德谟克利特，但是关于它们存在的第一个经验证据出现得比较晚，大约是在 1800 年。这些经验证据来源于约瑟夫·普鲁斯特（1754—1826）和约翰·道尔顿（1766—1844）对化学元素如何结合成化合物的解释。然而，无论是普鲁斯特和道尔顿的解释，还是玻耳兹曼的推测，都没有促使人们相信原子。

玻耳兹曼曾经的同事，近代一位极富影响力的人物——恩斯特·马赫（1838—1916）断然否认原子的存在。马赫和那些持有相同科学观点的人认为，原子对我们理解世界几乎没有或根本没有帮助。科学的目标是尽可能精确和经济地关联可直接观察到的量。从这个意义上说，热力学是一门完美的科学，因为热力学实现了这个目标，而不需要借用不可见实体的存在。鉴于当时人们的认知情况，玻耳兹曼发现马赫的批评很难反驳。

写作水平的不足使玻耳兹曼处于一个不利地位。虽然玻耳兹曼是一位杰出的科学家，但他的著作和论文既不简洁也不清晰，仅凭直觉探索，因此掩盖了很多重要的假设。于是，玻耳兹曼招致了很多人对他进行批判。他一生的工作不是一帆风顺的，而是充满了挑战，这使他倍感困惑。1906 年 9 月 5 日，62 岁的玻耳兹曼被即将到来的失明和抑郁所困扰，他自杀了。此时的他并不知道，他将原子引入物理学的长期努力和斗争已经被证明是正确的。1905 年阿尔伯特·爱因斯坦（1879—1955）在一篇关于布朗运动的论文中指出，悬浮在水中的小而可见的粒子的随机运动是较小的不可见原子和分子的随机运动的直接结果。

虽然玻耳兹曼在其发现之路上提出了著名的 H-定理，但在我们的道路上，借鉴的是人们在玻耳兹曼死后才反思其工作含义而获得的见解。尽管如此，在本章中，我们仍然忠实于那些直接建立在玻耳兹曼贡献之上的思想。

2.2 微观状态和宏观状态

当玻耳兹曼试图表示热力学系统内部时，他发现不仅要考虑原子和分子，还需要考虑它们之间可能的分布。但是什么是**分布**或者我们现在所说的**微观状态**呢？[玻耳兹曼使用的德语单词有时被翻译为"情况（complexion）"。]

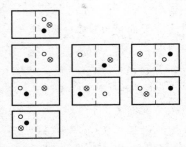

图 2.1 三个粒子双侧系统可能的微观状态

考虑一个只包含 3 个粒子的简单系统。在图 2.1 中，用符号●、○和⊗表示这些粒子。它们可以是 3 种不同元素的原子，也可以是能以其他方式分辨的相同粒子。该系统分为两个等体积的部分，左侧和右侧，颗粒之间可以自由移动。虽然很简单，但这个系统又足够复杂，足以说明其宏观状态和微观状态之间的区别。

微观状态是指系统中粒子分布的详细描述。因为这个系统的三个粒子中的每一个都可能在它的两侧中的一侧，所以这个系统可以具有 $2^3 = 8$ 个不同的微观状态。这 8 种微观状态如图 2.1 所示。

宏观状态包含一组由相对较少的变量集合所描述的微观状态。在更实际的情况下，宏观状态是热力学状态或平衡状态，描述宏观状态的变量是热力学变量 E、V、N……对于三粒子双侧系统的一个宏观状态，其中任意两个粒子在腔室的右侧，其余的一个粒子在左边。从图 2.1 中我们可以看出，这个宏观状态只包含三个微观状态——如图 2.1 中第二行所示。微观状态的数量也可以通过从 3 个粒子中选择两个粒子（为了将它们放在右半部分）来计算。选择第一个粒子，可以有 3 种方式，再从剩余的粒子中选择第二个粒子有两种方式，总计 6 或 3! = 3×2×1 种方式。由于将两个粒子放入右侧的顺序与计算微观状态数目无关，因此我们将 6 除以两个粒子的排序方式数目，即 2 或 2! = 2×1。以这种方式，我们得到 3 个粒子中的两个占据腔室右侧的这一个宏观状态中微观状态的数量为 3 或 3!/(2!·1!)。

一 般 形 式

这个简单的例子可以通过多种方式进行推广。如果系统包含 N 个粒子而不是 3 个粒子，每个粒子仍然可以占据系统两侧中的任意一侧，则将这 N 个粒子分配到两侧的分配方式数量为二项式系数 $N!/[n!(N-n)!]$，即"从 N 中选择 n"，一侧具有 n 个粒子，而另一侧具有 $(N-n)$ 个粒子。

或者，如果左侧中的粒子具有能量 ε，右侧中的粒子具有能量 2ε，我们将三粒子系统的总能量 E 约束为 4ε，那么图 2.1 第三行中所示的 3 个微观状态构成这个宏观状态。

可分辨的经典粒子

如图 2.1 所示的那样，在描述这些微观状态和宏观状态时，我们已经将每个粒子与其他粒子分辨开来。经典粒子总是可以相互分辨的。这并不是因为经典粒子必然有各自不同的特征，而是因为它们在空间和时间中始终保持不同的轨迹。

例如，想象一下，当你向你的朋友展示两个外观相同的轴承钢球时，先让他闭上眼睛，几秒钟后再让他睁开眼睛。虽然你的朋友不知道你是否交换过这两个轴承钢球，但是你知道，因为你一直是睁开眼睛的，且从未失去对它们不同的轨迹的追踪。轴承钢球是经典粒子的模型，完全相同加工的滚珠轴承是全同的经典粒子的模型。

麦克斯韦、玻耳兹曼和其他 19 世纪的物理学家很自然地认为，由原子和分子所组成的不可见的亚微观世界只是可见的宏观世界的一个简单的缩小版。事实上，玻耳兹曼认为基本粒子，原子和分子总是可以相互分辨的。在这一章和下一章中，我们采用了这个经典的假设，即全同粒子，例如，填充在容器中的氦气分子，就像轴承滚珠一样可以彼此分辨开来。并且出于同样的原因，也就是说，至少可以根据经典物理学原理来无限精确地追踪它们的轨迹。

2.3 基本假设

根据统计力学的**基本假设：孤立的热力学系统中，各个微观状态出现的概率是相等的**。如图 2.1 所示的简单的三粒子双侧系统具有 8 个与其描述相符的微观状态，根据基本假设，每个微观状态出现的概率都是相同的，因此这 8 个微观状态中，出现任何一个的概率都是 1/8。此外，对于右侧正好有两个粒子的宏观状态，由于它包含了 8 个微观态中的 3 个，所以出现该宏观状态的概率就是 3/8。

多 重 度

孤立系统微观状态的等概率假设是我们构建宏观状态概率的本质。根据基本假设，宏观状态的概率与宏观状态中包含的微观状态的数量成比例。玻耳兹曼把构成宏观状态的微观状态数目称为它的**多重度**（Permutibilität）。它的英语单词为 "multiplicity"，并用符号 Ω 表示。

局限性和反例

这个基本假设并不适用于所有的孤立系统，而只适用于那些各微观状态被定义为概率相等的系统。例如，考虑一个包含在二维正方形盒子中的粒子，如图 2.2 所示。粒子从盒子的侧面平滑地、具有弹性地反射，从而周期性地折回其路径。当我们叠加一个均匀网格来识别这个二维单粒子系统的空间微观状态时，我们可以看到它的微观状态并不都是等概率的。事实上，大多数系统的微观状态从未被占用过。此外，添加更多的粒子到该盒子中对实现基本假设也没有什么帮助，除非粒子之间存在着相互作用。然而即便如此，也可能存着一些特殊的初始条件，对于这些初始条件，并非所有可能的微观状态都以相等的概率实现。

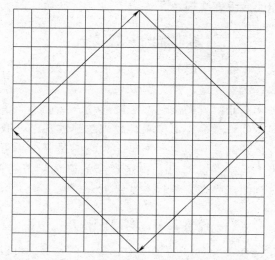

图 2.2 粒子从盒子的侧面平滑地、具有弹性地反射,从而周期性
地折回其路径。叠加网格确定了单粒子系统的微观状态

　　基本假设的反例涉及仅包含少量粒子系统的特殊初始条件。相
反,一个典型的热力学系统的初始条件是未知的。这些系统,例如
$1cm^3$ 空气,含有 10^{19} 个粒子。它们的结构和演变非常复杂,已致无法
跟踪它们占据的众多微观状态。我们采用基本假设作为量化这样一个
部分了解的系统状态的方法。特别是当我们没有理由偏好其中某个微
观状态时,我们采用基本假设可以有效地避免对概率分配的偏倚。然
而,这个基本假设还没有从更基本的原理中推导出来,也不能直接接
受检验。相反,人们可以采用微观状态的等概率假设作为合理的假
设,并从中得出可以检验的结果。

热力学系统

　　我们把适用于基本假设的系统称之为**热力学系统**。一般来说,热
力学系统是平衡系统或稳态系统,它们可以用热力学参量来描述。只
要系统的环境不随时间变化,这些热力学参量就不会随时间变化。热

力学系统总是可以用少量几个热力学参量来描述，它们的宏观状态总是可以用它们的多重度来描述。

不可能的宏观状态

基本假设意味着一个孤立的热力学系统可以在其所有可能的微观状态中随机地、无偏差地运动。但如果是这样，一个系统也可以在一组与异常宏观状态相对应的微观态之间移动，例如，全都冲向房间一个角落的空气，或者是寒冷下午一杯越来越热的热茶。我们从来没有观察到这种反直觉的宏观演化，不是因为它们是完全不可能的，而是因为它们是极不可能的。与总是被观察到的宏观状态的多重度相比，这种未被观察到的反直觉宏观状态的多重度非常小。

例题 2.1 均匀密度

问题：在具有 N 个粒子的气体中，每一个粒子都可以在等体积的左腔室和右腔室之间自由移动。因为这些腔室的体积相等，任何一个粒子在任何一个腔室中的概率都是 1/2。这样，这 N 个可分辨粒子在两个腔室之间的每种不同的分配形式都代表了一个微观状态，每个微观态都是等概率的。试证明最可能的宏观状态是两个腔室中粒子数相等的宏观状态。

解：在这 N 个可分辨的经典粒子系统中，右腔室内有 n 个粒子而左腔室内有 $N-n$ 个粒子的宏观状态的概率 $P(n)$ 是

$$P(n) = \frac{N!}{n!(N-n)!}\left(\frac{1}{2}\right)^N$$

这里二项系数 $N!/[n!(N-n)!]$ 是这个宏观状态的多重度 Ω，而 $(1/2)^n$ 是这个宏观状态的任何一个微观状态的概率。对于较小 N 值的一些经验测试表明，使 $P(n)$ 最大化的 n 值约为 $N/2$——在这种情况下，两个腔室内具有相等数量的粒子。

当两个腔室内的粒子数 $[n$ 和 $(N-n)]$ 大到可以有效地作为连续变量时，即 $n \gg 1$ 和 $(N-n) \gg 1$，可以更系统地推导该结果。采用斯特林近似值 $n! \approx n^n e^{-n}\sqrt{2\pi n}$，或者，粗略地用近似 $\ln n! \approx n\ln n - n$，

可以将其转化求 $\ln P(n)$ 而非 $P(n)$ 的最大值，于是

$$\ln P(n) = N\ln N - N - n\ln n + n - (N-n)\ln(N-n) + (N-n) - N\ln 2$$
$$= N\ln N - n\ln n - (N-n)\ln(N-n) - N\ln 2$$

将 $\ln P(n)$ 相对于 n 求导并令其导数为零，则有

$$-\ln n + \ln(N-n) = 0$$

求得解为 $n = N/2$。

2.4 统计熵和多重度

令人惊讶的是，熵的统计描述并不是现成的，而是必须通过**期望的性质**和热力学定律来构建的。在构建之前，先考虑如图 2.3 所示的两个不可逆过程。在第一个不可逆过程中，气体粒子被一个不可穿透的屏障限制到一半空间内，当屏障被移除后，气体粒子就填充到全部的空间。在第二种情况下，具有不同温度的两个相同的物体，T_H 和 T_C（$T_C < T_H$），被绝热壁隔开，当绝热壁被移除后，两个物体接近热平衡。

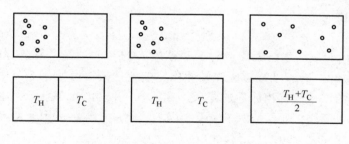

时间 ————————→

图 2.3 顶部：移除一个不可穿透的屏障，气体充满整个空间。
底部：去除绝热屏障，两部分接近共同温度

熵对宏观状态多重度的依赖

根据热力学第二定律，在每一个不可逆转变过程中，孤立系统宏观状态的熵都会增加，从初始值 S_i 增加到末态值 $S_f > S_i$。与此同时，

其微观状态数从初始值 Ω_i 增加到末态值 $\Omega_f > \Omega_i$。孤立系统熵 S 的演化与其多重度 Ω 的演化之间的相关性表明，宏观状态的统计熵是关于宏观状态多重度的一个单调递增函数 $S(\Omega)$。构造统计熵函数的第一步就是假设该函数存在。

1877 年，玻耳兹曼在他的里程碑式的论文中提出，函数 $S(\Omega)$ 完全可以表示为 $S \propto \ln\Omega$。后来，马克斯·普朗克（1858—1947）从合理的假设出发，推导出了 $S = k\ln\Omega$ 的关系，其中 k 是一个普适常数。这里我们遵循并同时推广普朗克的这一构造。虽然我们的推导很长，但我们得出的结果只比普朗克的稍微复杂一点，即孤立系统中给定宏观状态的熵是 $S(\Omega) = c + k\ln\Omega$，其中 Ω 是宏观状态的多重度，k 是一个普适常数，c 是一个常数，用来确保熵是一个可加的状态参量。

相 加 性

相加性是定义统计熵所引入的第二个性质。据此，如图 2.4 所示，由两部分组成的复合系统的熵 S 是**可相加的**，其中每个部分本身都是一个孤立的系统，用 A 和 B 表示，复合系统的熵是其各部分熵的总和。因此，

$$S_{A+B} = S_A + S_B \qquad (2.1)$$

其中 S_{A+B} 是复合系统的熵，S_A 是子系统 A 的熵，S_B 是子系统 B 的熵。采用相加性式（2.1）可确保如此构建的统计熵符合第 1.5 节中对热力学熵的增量具有相加性的要求。在式（2.1）中，各个子系统熵的符号可以不同，通常情况下也是不同的，例如，在一个由实验室一角的氦气瓶和另一角的盐晶体组成的系统中。

假设统计熵是宏观状态多重度 Ω 的函数 $S(\Omega)$，相加性式（2.1）意味着

$$S_{A+B}(\Omega_{A+B}) = S_A(\Omega_A) + S_B(\Omega_B) \qquad (2.2)$$

其中 Ω_A 是子系统 A 的宏观状态的多重度，Ω_B 是子系统 B 的宏观状态的多重度，Ω_{A+B} 是复合系统 A+B 的宏观状态的多重度。当两个子系统只是复合系统的较小部分时，函数 $S_A(\Omega_A)$ 和 $S_B(\Omega_B)$ 以及多重度 Ω_A 和 Ω_B 必定具有相似的结构，此时**相加性退化为广延性**。

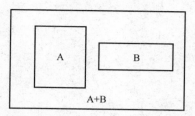

图 2.4 孤立复合系统 A+B 是由两个孤立子系统 A 和 B 组成

独 立 性

第三，我们假设孤立子系统 A 和 B，可以独立地构成它们的宏观状态。因此，复合系统的多重度由下式给出

$$\Omega_{A+B} = \Omega_A \Omega_B \qquad (2.3)$$

条件式（2.2）变成

$$S_{A+B}(\Omega_A \Omega_B) = S_A(\Omega_A) + S_B(\Omega_B) \qquad (2.4)$$

实际上，这两个子系统的孤立本身就意味着它们的宏观状态的独立性。结果式（2.4）包含了以下三个条件：熵对宏观状态多重度的依赖性 $S(\Omega)$、相加性式（2.1）和孤立子系统的独立性式（2.3）。

导 数 推 导

现在对表达式（2.4）关于宏观状态多重度 Ω_A 和 Ω_B 进行求导，这是一种将强条件（熵的相加性）简化为弱条件（熵的增量的相加性）的策略。如果我们想恢复相加性的全部内容，我们必须把式（2.4）再施加到所推导的结果上。方程式（2.4）的两个偏导分别为

$$S'_{A+B}(\Omega_A \Omega_B)\Omega_B = S'_A(\Omega_A) \qquad (2.5a)$$

和

$$S'_{A+B}(\Omega_A \Omega_B)\Omega_A = S'_B(\Omega_B) \qquad (2.5b)$$

其中符号 ′ 表示对指定自变量的导数。例如 $f'(x) = \mathrm{d}f/\mathrm{d}x$。从式（2.5a）和式（2.5b）中消除 $S'_{A+B}(\Omega_A \Omega_B)$ 得到

$$\Omega_A S'_A(\Omega_A) = \Omega_B S'_B(\Omega_B) \qquad (2.6)$$

因为变量 Ω_A 和 Ω_B 可以相互独立地各自求得其值，方程式（2.6）意味着

$$\Omega_A S'_A(\Omega_A) = k \tag{2.7a}$$

和

$$\Omega_B S'_B(\Omega_B) = k \tag{2.7b}$$

其中，k 是分离常数。分别积分式（2.7a）和式（2.7b）可得

$$S_A(\Omega_A) = c_A + k\ln\Omega_A \tag{2.8a}$$

和

$$S_B(\Omega_B) = c_B + k\ln\Omega_B \tag{2.8b}$$

其中 c_A 和 c_B 是积分常数。

"常数"的含义

我们停下来思考一下求解耦合微分方程式（2.5a）和式（2.5b）所产生的三个常数 k、c_A 和 c_B 的本质。"常数"这个词通常促使我们去问："关于什么是常数？"在这里，答案是："相对于方程式（2.5）~式（2.7）中变量的导数为常数，也就是说，相对于宏观状态，多重度 Ω_A 和 Ω_B 是常数。

常数 k 是一个附加的约束。由于 k 与子系统 A 和 B（实际上是任意数量的子系统）都有关联，因此 k 与表示任意特定系统或子系统的宏观参量无关。简而言之，k 是一个普适常数。马克斯·普朗克是第一个强调 k 是普适常数的人。为了纪念他，洛伦兹（1853—1928），曾经一度将 k 称为**普朗克常数**。然而，"普朗克常数"现在被给予了普朗克的另一个发现，我们现在称 k 为**玻耳兹曼常数**。后面我们将会得出 $k=R/N_A$，其中 R 是被错误命名的"气体常数"，N_A 是阿伏伽德罗常数。在 SI 中，玻耳兹曼常数的值由下式给出

$$k = 1.38 \times 10^{-23} \frac{kg \cdot m^2}{K \cdot s^2} \tag{2.9}$$

因此，玻耳兹曼常数 k 的单位为 J/K，也就是说，k 具有熵的单位。

孤立系统的统计熵

如果方程式（2.8a）和式（2.8b）对于任何孤立系统都成立，

那么对于子系统 A 和子系统 B 组成的复合系统，有

$$S_{A+B}(\Omega_{A+B}) = c_{A+B} + k\ln\Omega_{A+B} \qquad (2.10)$$

根据可加性式（2.2）和独立性式（2.3）或其等效式（2.4），要求三个常数 c_{A+B}、c_A 和 c_B 满足

$$c_{A+B} = c_A + c_B \qquad (2.11)$$

因此，当我们将一般形式

$$S(\Omega) = c + k\ln\Omega \qquad (2.12)$$

应用于一个复合系统及其两个独立部分，我们应该随时准备采用式（2.11）来恢复统计熵的相加性的全部内容。

替 代 形 式

我们用具有启发性的形式来表达一般形式（2.12），方法是将其写两次，这两次分别用于同一系统的两个不同宏观状态：初始状态 i 和最终状态 f，然后将两个方程相减。由此得到

$$S(\Omega_i) = c + k\ln\Omega_i \qquad (2.13)$$

和

$$S(\Omega_f) = c + k\ln\Omega_f \qquad (2.14)$$

这意味着

$$S(\Omega_f) - S(\Omega_i) = k\ln\left(\frac{\Omega_f}{\Omega_i}\right) \qquad (2.15)$$

该结果式（2.15）对于描述孤立系统在不可逆过程的熵的增量特别有用。

特别地，方程式（2.15）使得我们可以用多重度的语言重述热力学第二定律：**因为一个孤立的系统可能会弛豫，但永远不会施加一个内部约束，所以一个孤立系统的最终宏观状态的多重度至少和其初始宏观状态的多重度一样大。**一些教材将从内部约束系统到弱约束系统的不可逆转变表述为从相对有序的宏观状态到较为无序的宏观状态的不可逆转变。事实上，玻耳兹曼在他 1877 年的论文中从未使用过**有序和无序**这些词（德语：Ordnung 和 Unordnung）。而且，当将其应用于一个系统的相对熵时，有序和无序这两个对立的词经常会产生

误导。

另外，我们可以用一个特殊的参考宏观状态的 Ω_0 来代替式（2.15）中的初始宏观状态的 Ω_i，并用任意宏观状态的 Ω 代替最终宏观状态的 Ω_f，则式（2.15）变为

$$S(\Omega) = S(\Omega_0) + k\ln\left(\frac{\Omega}{\Omega_0}\right) \qquad (2.16)$$

它描述了相对于特定参考宏观状态熵 $S(\Omega_0)$ 的一个任意宏观状态的熵 $S(\Omega)$。

非孤立系统的熵

通过仔细推导式（2.12）、式（2.15）和式（2.16），我们可以准确地发现统计熵的这些表达式中包含了哪些思想，没有包含哪些思想。特别是，孤立系统的统计熵是宏观状态多重度的函数，是可加的态函数，它反映了孤立部分的独立性。

回顾一下热力学基本原理：关于一个系统的热力学行为的所有可知的信息，包括它所有的物态方程，都包含在它的熵如何依赖于其广延量之中。即使是对于用来确定统计熵如何依赖宏观多重度的特殊假设（孤立系统并假设独立子系统的存在），情况也是如此。

例如，作为贯穿本书大部分章节的一个实例，我们考虑一个封闭的、具有 N 个粒子的简单流体系统，该系统具有广延量：内能 E、体积 V 和粒子数 N。然而，由于封闭系统中粒子数 N 是守恒的，它的宏观状态仅是 E 和 V 的函数。在这种情况下，$\Omega = \Omega(E, V, N) = c(N) + k\ln\Omega(E, V, N)$，一般形式（2.12）可以表示为

$$S(E, V, N) = c(N) + k\ln\Omega(E, V, N) \qquad (2.17)$$

因此，一旦我们确定了多重度函数 $\Omega(E, V, N)$，并通过相加性要求确定"常数" $c(N)$，我们就知道了熵函数 $S(E, V, N)$。一旦我们知道熵函数，通过它的导数就知道了系统的物态方程。此外，这些物态方程适用于所有情况，即不仅适用于封闭系统和孤立系统，还适用于开放系统。例如，它们可以描述系统在加热或放热、对外做功或外界对其做功时是如何变化的。总而言之，我们可以利用孤立系统这个假

设来确定熵函数，一旦我们知道了这个函数，就不再需要拘泥于这个假设。

经典统计热力学的极限

本节的论点不能使我们确定任何宏观状态的绝对熵。绝对熵应该是这样一个表达式：在给定特定宏观状态完整信息的情况下，能够给出该宏观状态熵的确定值。显然，方程式（2.15）和式（2.16）只能给出相对熵。在热力学第一定律和第二定律中只会出现相对熵。

相对熵的这种局限来源于我们无法在经典假设下唯一地识别和计算微观状态数。此外，经典统计力学中的参考微观状态是任意的，因此经典宏观状态也必然是任意的。只有量子物理的引入才能够让我们唯一地识别微观状态。但是，玻耳兹曼和其他经典统计力学家没有意识到量子物理这种内在可能性。

玻耳兹曼所知道的是如何将空间任意离散从而构造出任意的微观状态，即我们所说的**经典微观状态**。然后玻耳兹曼通过设定 $S \propto \ln \Omega$ 将基本假设应用于这些任意构建的经典微观状态。玻耳兹曼离散相空间的方法使得他以及后来的我们能够获得统计熵的经典描述，并从中导出状态方程。当然，我们将使用 $S(\Omega) = c + k \ln \Omega$ 代替玻耳兹曼的 $S \propto \ln \Omega$，以确保熵总是一个具有可加性的状态参量函数。

例题 2.2 焦 耳 膨 胀

问题：如例题 2.1 所述，考虑一个具有左右两个等体积腔室的系统包含总共 N 个完全相同但可分辨的经典粒子。假设在初始宏观状态下，该系统所有的粒子都在它的左腔室中。然后，粒子在两个腔室之间自由移动，并最终达到平衡的宏观状态，此时粒子均匀地分布在整个腔室中，如图 2.5 所示。请问系统的熵增加了多少？

解：在这个过程中，单个粒子可能的空间微观状态数增加了 1 倍。两个可分辨粒子的空间微观状态数变为 2×2。因此，在焦耳膨胀过程中，N 个粒子系统的多重度变为 2^N。所以，最终态与初始态的多重度之比为

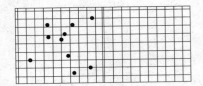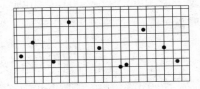

时间 ————————————→

图 2.5 焦耳膨胀。在将把粒子限制在两个等体积腔室
左侧的屏障移除后，粒子占据两个腔室

$$\frac{\Omega_f}{\Omega_i} = 2^N$$

熵增加量为

$$S_f - S_i = k \ln\left(\frac{\Omega_f}{\Omega_i}\right)$$

$$\Delta S = k \ln\left(\frac{\Omega_f}{\Omega_i}\right) = Nk \ln 2$$

显然，每个粒子都对熵的增加贡献了 $k \ln 2$。

例题 2.3 一个悖论

问题：考虑一个由 $2N$ 个相同的经典粒子组成的系统，在初始状态，N 个粒子在两个等体积腔室的左侧，N 个粒子在右侧。粒子可以自由移动并最终达到平衡状态。问熵的增量是多少？

解：一种解法是利用例题 2.2 中的结果，最初在左室中的 N 个粒子在其扩散到整个容器的过程中使系统的熵增加了 $Nk \ln 2$，同样，对于最初在右室中的粒子也是如此，这样总熵将增加 $2Nk \ln 2$。

但这是荒谬的。因为如果我们在两个腔室之间重新插入一个隔板，然后再去掉那个隔板，让两边的粒子再次相互混合，这样系统的熵将再次增加 $2Nk \ln 2$，依此类推，系统的熵将无限增大。

解决这一悖论的关键在于，系统的熵只有在其最终宏观状态的多重度大于初始宏观状态的多重度时才会增加。在这个问题中，初始宏观状态和最终宏观状态是相同的，因为它们有相同的描述：N 个相同的经典粒子占据每个腔室。因此，初始和最终的宏观多重度和熵是相同的，没有熵的增量。诚然，系统的最终微观状态可能与其初始微观状态不同，但这对熵没有影响。熵的增量仅是宏观状态多重度的函数，而不是构成宏观状态的特定微观状态的函数。

例题 2.4 混 合 熵

问题：一个由 $2N$ 个相同的经典粒子组成的系统，在初始状态，属于同一种类的 N 个粒子（例如氮分子）在两个等体积腔室的左侧，属于同一类的另外 N 个粒子（例如氧分子）在右侧。这些粒子相互混合后熵的增量是多少？

解：在此过程中，每种粒子可用的微观状态都增加了一倍，而这种加倍确实增加了系统最终宏观状态下可能的微观状态的数量。因此，该 $2N$ 粒子系统的初始和最终的多重度之比为

$$\left(\frac{\Omega_f}{\Omega_i}\right) = 2^{2N}$$

相应的系统的熵的增量 $\Delta S = k\ln\left(\frac{\Omega_f}{\Omega_i}\right)$ 为

$$\Delta S = 2Nk\ln 2$$

2.5 麦克斯韦妖

玻耳兹曼是第一个提出孤立系统的熵 S 与其宏观状态多重数 Ω 之间存在关系的人，而麦克斯韦（1831—1879）是第一个提出熵是一个概率概念的人——这一概念首先出现在 1867 年他给朋友泰特的一封私人信件中，后来又出现在 1871 年他的著作《热理论》中。尽管麦克斯韦在发展一个观点之前就去世了，但是他的这种想法对统计熵概念的发展产生了重要的影响。

麦克斯韦假想有一个小人，后来被称为妖，再后来又被称为**麦克斯韦妖**，他控制着两个腔室之间的一扇门，如图 2.6 所示。两个腔室

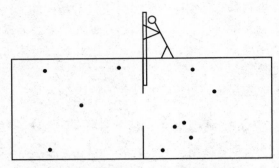

图 2.6 麦克斯韦妖。通过适时地打开和关闭连接两个气室的门，
小妖可以使一个气室的气体温度高于另一个气室

中的气体最初具有相同的温度和密度，但即使如此，每一个气体分子
的运动速度也各不相同——这是麦克斯韦率先发现的现象。小妖的工
作是选择性地打开门，让右室中速度较快的气体分子移动到左室，而
让左室中速度较慢的气体分子移动到右室。这样，就可以在保持它们
密度不变的同时使左室的空气变得比右室的空气热。如果我们把这两
个腔室、腔室所包含的空气以及小妖视为一个孤立的系统，并假设小
妖的熵不变，则这个过程直接违反了克劳修斯表述的热力学第二定
律。诚然，小妖的熵不变是一个值得注意的假设。

麦克斯韦声称，他的关于小妖的思想实验证明了热力学第二定律
"仅具有统计上的确定性"，热力学第二定律有时会被违反，孤立系统
的统计熵会暂时降低。因为如果一个小妖能导致一个孤立系统的熵减
少，那么像弹簧支撑的单向门这样无生命的自动装置也能做到这一
点。事实上，随后对许多巧妙构建的无生命"小妖"的分析和数值模
拟表明，一个孤立系统的统计熵可能会波动——也只是波动。系统越
大，这些波动的相对尺寸就越小。

非平衡系统的熵

麦克斯韦妖的机制给出了相对熵的更广泛的解释。根据这种解
释，多重度 Ω 是一个系统从初始的低熵参考宏观状态向平衡宏观状态
演化过程中的瞬时宏观状态的多重度。这种解释假设系统在演化的

每一瞬间都占据着宏观状态。在这种情况下，熵

$$S(\Omega) = S(\Omega_0) + k\ln\left(\frac{\Omega}{\Omega_0}\right) \qquad (2.18)$$

这里熵 $S(\Omega)$ 是相对于参考宏观状态熵 $S(\Omega_0)$ 的系统的瞬时熵，它不一定处于平衡状态。一般来说，孤立系统总是朝着熵增加的方向演化。但是麦克斯韦妖告诉我们，围绕这一总体趋势，系统可能会有一些小的变化。如图 2.7 所示，瞬时宏观状态的多重度 Ω 以及瞬时熵 $S(\Omega)$ 随着系统占据不同的、非最优的宏观状态而上下波动。

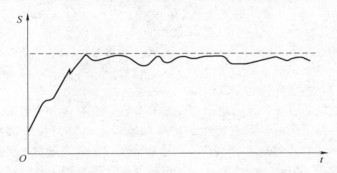

图 2.7　当放松孤立系统的内部约束后，系统熵（实线）接近、振荡
　　　　　接近其最大可能的平衡值（虚线），并总小于该值

2.6　相对熵和绝对熵

熵的关系式 $S = c + k\ln\Omega$ 对于描述一个经典系统的熵既是充分条件也是必要条件。我们将在下一章中探讨两个这样的系统：第 3.1 节 ~ 第 3.5 节中的理想气体和第 3.6 节中的理想固体。爱因斯坦和其他人注意到了 $S = c + k\ln\Omega$ 的普遍有效性。然而，人们通常更加倾向于使用教科书里关于普朗克的更简洁的结果

$$S = k\ln\Omega \qquad (2.19)$$

我们在第 2.4 节中概述了 $S = c + k\ln\Omega$ 背后的假设：$S(\Omega)$ 的函数特性以及孤立子系统的相加性和独立性。为了将 $S = c + k\ln\Omega$ 转换为更简单的结果 $S = k\ln\Omega$，我们需要更进一步的物理知识——不削弱常数 c

在保持相加性全部内涵中所起的作用。允许这种转变的普遍适用的、经验上合理的唯一标准是热力学第三定律。我们将在第4.5节讨论这一转换。

但是在19世纪末20世纪初，普朗克并没有意识到热力学第三定律。相反，除了假设函数$S(\Omega)$的存在性、可加性式（2.1）和独立性式（2.3）之外，普朗克含蓄地、并且没有先验证明地假设$S(\Omega)$是一个普遍函数，其中"普遍"在这里是指函数的自变量仅是多重度Ω和普适常数。$S(\Omega)$的普适性、相加性和独立性产生了结果$S=k\ln\Omega+c$，其中k和c都是普适常数。如果c是一个普适常数，那么当应用于一个系统及其两个独立部分时，c应该是相同的。在这种情况下$c_{A+B}=c_A+c_B$简化为方程$c=c+c$，其唯一的解是$c=0$。因此普朗克将$S=k\ln\Omega+c$还原为$S=k\ln\Omega$。但是在这个过程中，普朗克忽略了他最初假定的一个强加属性的全部内容：相加性。

普朗克的方法实际上对他来说非常有效，因为它预测了未来的发展——特别是热力学第三定律的构想和经验证明以及量子物理的出现。这些发展共同确保了$S(\Omega)$既是多重度Ω的普遍函数，又是可加的状态参量。但是一些经典系统，包括理想气体系统，既不符合热力学第三定律，也不符合量子力学条件，因此普朗克方程$S=k\ln\Omega$并不太适用。对于这些经典系统，我们将使用相对熵$S=c+k\ln\Omega$来代替绝对熵$S=k\ln\Omega$。

习　题　2

2.1　概　率

一个容器被分成两个体积比为$V_1/V_2=2$的腔室。体积V_1包含了1000个N_2分子，体积V_2包含100个O_2分子。

（a）将分隔两个腔室的内壁刺破，气体达到一个平衡的宏观状态。则该双气体系统的熵增加了多少？

（b）气体恢复原状的可能性有多大？

2.2　扑克牌的多重度

（a）从一副完整的牌中抽取一张3，有多少种方法？

（b）从一副完整的牌（52 张）中抽取一张方块，有多少种方法？

（c）从一副完整的牌中抽取一张 3，然后从一副完整的牌中抽取一张方块，有多少种方法？

（d）对于"从一副完整的牌中抽取一张 3"和"从一副完整的牌中抽取一张方块"这两个事件的相关性或独立性，你能得出什么结论？

2.3 斯特林公式

ln10！和斯特林的近似值（10ln10-10）之间的百分比差是多少？n 必须有多大才能使 ln$n$！与（$n$ln$n-n$）之间的百分比差小于 1%？

2.4 计数的艺术

因为多重度 Ω 是给定宏观状态下的系统所有可能的微观状态数，所以在接下来的章节中，我们将经常遇到计算微观状态数的问题。以下练习向我们介绍 3 种不同的计算微观状态数的方法。当 N 和 n 数值比较小时，你可以尝试通过计数的方式来首先得到这些公式。

（a）将 N 个可分辨的粒子放置在 n 个不同的盒子或单元格中，可以有多少种方法？当 $N=50$ 和 $n=100$ 时，计算该数值。

（b）将 N 个不可分辨的粒子放置在 n 个不同的盒子或单元格中，有多少种方法？当 $N=50$ 和 $n=100$ 时，计算该数值。

（c）将 N 个不可分辨的粒子放置在 n（$n\geq N$）个不同的盒子或单元格中，且一个盒子中最多只能放置一个粒子，共有多少种方法？当 $N=50$ 和 $n=100$ 时，计算该数值。

（d）问题（b）的答案和问题（c）的答案哪个更大？解释为什么。

2.5 橡胶弹性

考虑下面一个简单的一维橡皮筋统计模型。假设长度为 L 的橡皮筋由 N（$N\gg1$）个链状的圈组成，其中每个圈的长度为 a。在这些圈中，有 n_+ 个在 x 正方向上延伸，而有 n_-（$n_-=N-n_+$）个在 x 负方向上延伸。这些圈的方向决定了橡皮筋的总长度 $L=a(n_+-n_-)$，但不能改变其能量。因此，宏观状态可以由长度 L 来定义。

（a）首先，通过长度 L 来确定其多重度 Ω。利用"N 选择 n_+"；

（b）然后，根据长度 L 来确定熵；

（c）利用系统的基本约束 $0 = T\mathrm{d}s - F\mathrm{d}L$，证明橡皮筋的拉伸长度 L 与所用的力 F 之间的关系与熵 S 相关，关系式为 $F/T = \dfrac{\partial S}{\partial L}$。并用这个关系式来确定用 T 和 L 表示的力 F 的表达式；

（d）证明：当 $L/Na \ll 1$ 时，F 和 L 之间遵循线性的胡克定律关系。

3 第3章
经典系统的熵

3.1 理想气体：依赖于体积

玻耳兹曼在大部分的职业生涯中都在研究理想气体的统计力学。我们将在接下来的 5 个小节中讨论这个主题。我们的最终目标是构造一个理想气体的熵函数 $S(E,V,N)$，它具有广延性，因此是内能 E、体积 V 和粒子数 N 等广延量的可加函数，其关于 E 和 V 的偏导数生成了理想气体的物态方程：$E = C_V T$ 和 $pV = NkT$。在本小节中我们讨论体积的依赖关系，在下一小节中将讨论熵与体积和能量两者的依赖关系。

我们首先使用一个相对熵的表达式

$$S(E,V,N) = c(E,N) + k\ln\Omega(V) \qquad (3.1)$$

它适用于宏观状态的多重度仅是系统体积 V 的函数的流体系统。构成该系统宏观状态位置的微观状态通常用 $3N$ 个位置参量来描述：x_1，y_1，z_1，x_2，y_2，z_2，…，x_N、y_N 和 z_N，这些位置参量确定了系统 N 个粒子的位置。

为了构造经典的微观状态以便于确定多重度 Ω，我们将 $3N$ 维空间划分为大小为 $\delta x_1\delta y_1\delta z_1\delta x_2\cdots\delta z_N$ 的均匀对称的小区域或小单元格，也就是说，$\delta x_1 = \delta y_1 = \delta z_1 = \delta x_2 = \cdots = \delta z_N = \delta s$。因此，这个 $3N$ 维位置空间中的每个单元格都具有体积 $\delta s^{3N} = \delta V^N$，并且每个单元格都表示着不同的经典微观状态，共有 $(V/\delta V)^N$ 个这样的小区域。代表 N 粒子系统的单点可以在这个空间以及这些单元格中移动。

由于具有体积 V 的 N 粒子系统具有 $(V/\delta V)^N$ 个不同的单元格，

所以系统的多重度由 $\Omega = (V/\delta V)^N$ 给出。因此，式（3.1）变为

$$S(E,V,N) = c(E,N) + Nk\ln\left(\frac{V}{\delta V}\right) \tag{3.2}$$

根据简单流体的基本关系式 $dS = dE/T + pdV/T$，可知 $p/T = (\partial S/\partial V)_{E,N}$，因此，由式（3.2）得

$$pV = NkT \tag{3.3}$$

这就是理想气体压强的物态方程。注意，我们已经计算了理想气体的熵函数，只有求它的体积导数才能确定它的压强状态方程。因为我们还没有确定熵对其所有其他参量的依赖性，故还不能推导出系统的所有物态方程。

3.2 理想气体：依赖于体积和能量

对于 N 粒子理想气体，在推导其关于内能 E 和体积 V 的熵函数 $S(E,V,N)$ 的表达式时，我们推广了前一节中所建立的论证模式。现在该系统可能的经典微观状态结构更加复杂，因为它由粒子的位置空间和粒子速度 v 或动量 $p \equiv mv$ 空间组成。玻耳兹曼意识到，因为位置和动量坐标在经典力学的哈密顿公式中扮演着平行的角色，所以微观状态最好用位置参量和动量参量来描述。

相空间离散化

N 粒子单原子理想气体系统可以用 $3N$ 个位置坐标 $x_1, y_1, z_1, \cdots, z_N$ 和 $3N$ 个动量坐标 $p_{x,1}, p_{y,1}, p_{z,1}, \cdots, p_{z,N}$ 来描述。这些坐标一起构成了一个 $6N$ 维相空间，代表 N 粒子系统的单点可以在该相空间中移动。为了定义经典微观状态和确定宏观状态的多重度，我们将这个 $6N$ 维相空间离散化。相应的，将位置空间划分为大小为 $\delta x_1 \delta y_1 \delta z_1 \delta x_2 \cdots \delta z_N = \delta s^{3N}$ 的均匀对称单元格，将动量空间划分为大小为 $\delta p_{x,1} \delta p_{y,1} \delta p_{z,1} \delta p_{x,2} \cdots \delta p_{z,N} = \delta p^{3N}$ 的均匀对称单元格。我们还采用以下符号：

$$\delta x_1 \delta y_1 \delta z_1 \delta x_2 \cdots \delta z_N \delta p_{x,1} \delta p_{y,1} \delta p_{z,1} \delta p_{x,2} \cdots \delta p_{z,N} = (\delta s \delta p)^{3N} = H^{3N} \tag{3.4}$$

其中，$H = \delta s \delta p$ 是一个足够小的量，使得系统的多重度远大于1，但在

其他方面是任意的。H 的量纲是运动和角动量的量纲，即能量乘以时间，在 SI 中为 $\mathrm{kg \cdot m^2/s}$。在第 4 章中，我们将根据量子力学的要求，用一个普适的、确定的常数 h（我们现在称之为普朗克常数）来确定任意值 H。

在理想气体的 $6N$ 个坐标所组成的 $6N$ 维相空间中识别单元格可以粗略地识别经典微观状态。这里我们说"粗略"一词是因为一个相空间单元格中必然包含许多个不同的点。粗糙程度由 H 的大小决定，H 越大，越粗糙。

多 重 度

由于理想气体系统的位置坐标和动量坐标有着不同的约束方式，因此它们并不能起到完全平行的作用。例如，位置坐标必须与体积 V 内系统粒子的定位一致。基于此原因，被允许的位置空间单元格的数量，也就是与位置空间相关的多重度为

$$\left(\frac{V}{\delta s^3}\right)^N \tag{3.5}$$

相反，动量坐标的平方和必须等于常数 $2mE$，即

$$p_{x,1}^2 + p_{x,2}^2 + p_{z,1}^2 + p_{x,2}^2 + p_{y,2}^2 + p_{z,2}^2 + \cdots + p_{x,N}^2 + p_{y,N}^2 + p_{z,N}^2 = 2mE \tag{3.6}$$

其中，E 是系统的能量。正如 $x^2 + y^2 + z^2 = R^2$ 定义的半径为 R 的三维球体一样，约束式（3.6）定义了动量空间中的一个半径为 $\sqrt{2mE}$ 的 $3N$ 维球体。系统能够穿过的动量空间单元格的数量等于该球体表面上的单元格的体积除以一个单元格的体积 δp^{3N}。在 $3N$ 维球面上的单元格体积等于其表面积乘以动量空间单元格宽度 δp。

这个 $3N$ 维球体的表面积可以用下列方法来计算。正如三维球体的表面积 $4\pi R^2$ 是三维球体的体积 $4\pi R^3/3$ 的导数 $\mathrm{d}/\mathrm{d}R$ 一样，$3N$ 维球体的表面积 $A_{3N}(R)$ 是 $3N$ 维球体体积 $V_{3N}(R)$ 的导数 $\mathrm{d}/\mathrm{d}R$，即

$$A_{3N}(R) = \frac{\mathrm{d}}{\mathrm{d}R} V_{3N}(R) \tag{3.7}$$

此外，半径为 R 的 $3N$ 维球体的体积 $V_{3N}(R)$ 必须与 R^{3N} 成比例，也就是说

$$V_{3N}(R) = C_{3N} R^{3N} \tag{3.8}$$

其中 C_{3N} 是一个与 V 和 E 无关的常数，例如 $C_3 = 4\pi/3$。一般来说，

$$C_n = \frac{\pi^{n/2}}{(n/2+1)!} \qquad (3.9)$$

因为我们不关心 n 是小整数的情况，所以我们在式（3.9）中用 $(n/2)!$ 替换 $(n/2+1)!$，同时应用斯特林近似

$$\ln n \approx n\ln n - n \approx \ln\left(\frac{n}{e}\right)^n \qquad (3.10)$$

或者其等效表达式

$$\left(\frac{n}{2}\right)! \approx \left(\frac{n}{2e}\right)^{n/2} \qquad (3.11)$$

代入方程式（3.9），当 $n \gg 1$ 时，有

$$C_n \approx \left(\frac{2e\pi}{n}\right)^{n/2} \qquad (3.12)$$

将式（3.12）代入式（3.8）和式（3.7）可以发现

$$A_{3N}(R) = \left(\frac{2e\pi}{3N}\right)^{\frac{3N}{2}} \frac{d}{dR}(R^{3N}) = \left(\frac{2e\pi}{3N}\right)^{\frac{3N}{2}} (3N)R^{3N-1} \qquad (3.13)$$

因此，系统可以穿过的动量空间的体积就是一个半径为 $R = \sqrt{2mE}$，厚度为一个单元格的球壳的体积 $(2e\pi/3N)^{3N/2}(3N)R^{3N-1}$。于是，这个球壳中允许的动量空间单元格的数量是

$$(2e\pi)^{3N/2}(3N)^{1/2}\left(\frac{2mE}{3N}\right)^{(3N-1)/2}\left(\frac{\delta p}{\delta p^{3N}}\right) \qquad (3.14)$$

这里我们用 $\sqrt{2mE}$ 代替了 R。

　　能量为 E、体积为 V 的 N 粒子单原子理想气体的多重度 $\Omega(E,V,N)$ 是位置空间式（3.5）中可能的单元格数目和动量空间式（3.14）中可能的单元格数目的乘积，即

$$\begin{aligned}
\Omega(E,V,N) &= \left(\frac{V}{\delta V}\right)^N (2e\pi)^{3N/2}(3N)^{1/2}\left(\frac{2mE}{3N}\right)^{(3N-1)/2}\left(\frac{\delta p}{\delta p^{3N}}\right) \\
&= \left(\frac{V}{\delta s^3}\right)^N (2e\pi)^{3N/2}\left(\frac{2mE}{3N\delta p^2}\right)^{3N/2} \qquad (3.15) \\
&= \left[V\left(\frac{E}{N}\right)^{3/2}\left(\frac{4e\pi m}{3H^2}\right)^{3/2}\right]^N
\end{aligned}$$

在化简这个方程的第一步中，因为 $N \gg 1$，一阶项与 N 阶项相比非常小，因此可以省略。省略该项不会改变 Ω 的维数。在第二步中，我们也使用了符号 $H = \delta s \delta p$。

理想气体的熵

相应的，具有能量 E 和体积 V 的 N 粒子单原子理想气体的熵为

$$S(E, V, N) = c(N) + k \ln \left[V \left(\frac{E}{N} \right)^{3/2} \left(\frac{4 \pi e m}{3 H^2} \right)^{3/2} \right]^N \tag{3.16}$$

由基本关系式 $dS = dE/T + p dV/T$ 得出的偏导数 $(\partial S / \partial E)_{V,N} = 1/T$ 和 $(\partial S / \partial V)_{E,N} = p/T$，代入到式（3.16）中，即可获得预期的两个物态方程

$$E = \frac{3}{2} N k T \tag{3.17}$$

和

$$pV = NkT \tag{3.18}$$

[当然，系统的能量只有在常数下才是已知的。但是如果我们用 $(E + E_0)$ 替换式（3.16）右边的 E，并使用 $1/T = (\partial S / \partial E)_{V,N}$ 和 $p/T = (\partial S / \partial V)_{E,N}$，将再次获得相同的理想气体物态方程式（3.17）和式（3.18）。]

总　　结

我们将最后两部分所使用的方法总结如下：从一个 N 粒子理想气体的相对熵 $S = c + k \ln \Omega$ 开始，这个理想气体的宏观状态多重度 Ω 取决于系统的内能 E、体积 V 和粒子数 N。对 $6N$ 维相空间进行离散化，并计算出代表系统的单点可穿过的经典微观状态数，即确定多重度 Ω。该过程得到了相对于参考宏观状态的系统熵 $S(E, V, N)$。

以此种方式确定的多重度 Ω 和熵 S 都取决于相空间划分后的单元格的大小，而这个单元格的大小又反过来取决于任意构造的量 $H = \delta s \delta p$。幸运的是，所有包含 H 的量都不能被测量，而所有可以被测量的量，例如 p、V 和 T，都与 H 无关。在经典统计力学中，H 仅仅是一个方法论的产物，并没有经验结果。

3.3 施加广延性

我们对理想气体的熵函数（3.16）要求更高。理想气体的任何部分本身都应该是理想气体。例如，如果我们把体积、能量和理想气体粒子的数量分成两半，就应该获得另一种熵减半的理想气体。总之，理想气体应该具有广延性。为了让熵函数（3.16）具有广延性，$S(E,V,N)$ 必须是任意广延量 λ 的线性齐次函数，即

$$S(\lambda E, \lambda V, \lambda N) = \lambda S(E,V,N) \qquad (3.19)$$

回想一下，"常数" $c(N)$ 的目的是在熵上施加相加性，这里是在熵上施加广延性。式（3.16）和式（3.19）要求满足

$$S(\lambda E, \lambda V, \lambda N) = \lambda S(E,V,N)$$

$$c(\lambda N) + k\lambda N\left\{\frac{3}{2} + \ln\left[\lambda V\left(\frac{E}{N}\right)^{3/2}\left(\frac{4\pi m}{3H^2}\right)^{3/2}\right]\right\}$$

$$= \lambda c(N) + k\lambda N\left\{\frac{3}{2} + \ln\left[V\left(\frac{E}{N}\right)^{3/2}\left(\frac{4\pi m}{3H^2}\right)^{3/2}\right]\right\}$$

$$c(\lambda N) + k\lambda N\ln\lambda = \lambda c(N) \qquad (3.20)$$

方程式（3.20）有一组解

$$c(N) = k(pN - N\ln N) \qquad (3.21)$$

其中 p 是任意实常数。特别选取 $p=1$，则式（3.16）变成

$$S(E,V,N) = kN\left\{\frac{5}{2} + \ln\left[\left(\frac{V}{N}\right)\left(\frac{E}{N}\right)\right]^{3/2}\left(\frac{4\pi m}{3H^2}\right)^{3/2}\right\} \qquad (3.22)$$

这是一个具有重要历史意义的函数，它具有经典单原子理想气体熵的所有合理预期的性质。和前面一样，决定相空间单元格大小的参数 H 只是一个方法论的产物，没有经验结果。

p 和 H 是两个任意的量，它们凸显了我们已经知道的问题：基于热力学第一定律和第二定律的纯粹的经典统计力学原理，并不总是能够产生一个通过广延量 E、V 和 N 来确定其唯一值的熵函数。我们说"总是"是因为对黑体辐射施加广延性，如下文所述，确实可以获得具有唯一值的绝对熵。但是黑体辐射是一个特别基本的系统，因此，

它在 19 世纪后期成为了一个研究热点。

例题 3.1　黑体辐射的广延性

问题：能否使黑体辐射的熵具有广延性?

答：根据式（1.42），黑体辐射的熵的表达式为

$$S(E,V) = \frac{4a^{1/4}V^{1/4}E^{3/4}}{3} + b$$

其中 a 是辐射常数，b 是与系统的热力学参量 E 和 V 无关的任意常数。广延性要求对于任意常数 λ，有

$$S(\lambda E, \lambda V) = \lambda S(E,V)$$

即

$$\frac{4a^{1/4}(\lambda V)^{1/4}(\lambda E)^{3/4}}{3} + b = \frac{\lambda 4a^{1/4}V^{1/4}E^{3/4}}{3} + \lambda b$$

消去 b 是让等式两端相等的唯一方法，于是令 $b = 0$，有

$$S(E,V) = \frac{4a^{1/4}V^{1/4}E^{3/4}}{3}$$

这就是黑体辐射的广延熵。

3.4　占有数

虽然我们推导理想气体的熵背后的思想很简单，但是其应用取决于我们所不熟悉的 $6N$ 维相空间的形状。玻耳兹曼更倾向于另一种推导，即系统中的 N 个粒子共用一个 6 维相空间。除了系统范围的约束（例如对总能量 E 和粒子数 N 的约束）之外，只要组成系统的粒子在公共的相空间中独立地占据各自的位置，就有可能将 $6N$ 维相空间缩减到 6 维相空间。

图 3.1 说明了玻耳兹曼关于位置相空间体积的思想，体积 V 是模型系统中所有 10 个粒子所共有的相空间体积。这个位置相空间被划分为大小均匀的立方体 δV，每一个立方体都定义了一个单粒子位置微观状态。因此，共有 $V/\delta V$ 个这样的单粒子位置微观状态。这 10 个粒子系统的经典微观状态是由这 10 个可分辨的粒子在同一组单元格中

的特定排列来确定的。

更普遍地说，玻耳兹曼采用占据 6 维单粒子相空间中第 j 个单元格 $（j = 1, 2, \cdots, J）$ 的粒子数 n_j 来定义特定的宏观状态。一组**占有数** $n_1, n_2, \cdots, n_J$ 确定了系统的一个特定宏观状态。具有最大宏观态多重度 Ω 的占有数也就对应着熵 $S(\Omega)$ 的最大值。这个最可几的宏观状态就是一个平衡的宏观态。使用占有数描述特定宏观状态似乎是一个不必要的复杂事情。然而后面我们将会看到，占有数能够使我们发现一个非常重要的结果——**麦克斯韦-玻耳兹曼分布**，该结果适用于许多热力学系统，包括理想经典气体和理想经典固体，在接下来的两节中，我们将具体探讨此问题。

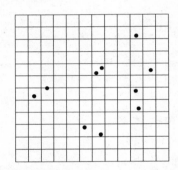

图 3.1 体积 V 被分为大小为 δV 的 $V/\delta V$ 个单元格。
图中展示了 10 个粒子的排列

对于所有粒子共有的 6 维相空间，其笛卡儿坐标为 x, y, z, p_x, p_y, p_z。将这个相空间分成大小均匀对称的单元格

$$\delta x \delta y \delta z \delta p_x \delta p_y \delta p_z = (\delta s \delta p)^3 = H^3 \tag{3.23}$$

其中 $\delta_s = \delta_x = \delta_y = \delta_z$，$\delta_p = \delta p_x = \delta p_y = \delta p_z$ 及 $H = \delta s \delta p$，用指标集 $j = 1, 2, \cdots$，用 J 标记这些单元格。

由 N 个可分辨粒子组成的系统处于某一个宏观状态时，其中 n_1 个粒子在第一个单元格，n_2 个粒子在第二个单元格……n_J 个粒子在第 J 个单元格。想象一下，把这 N 个可分辨粒子一个接一个地放在单元格里。我们可以把这些粒子排成一行，首先 n_1 个粒子进入第一个单元格，接着 n_2 个粒子进入下一个单元格，以此类推。因为排列 N 个可分

辨粒子有 $N!$ 种不同的方式，所以将这 N 个可分辨粒子放置在单元格中的方法也有 $N!$ 种。然而，单元格内粒子的重新排序不会产生新的微观状态。因此，对多重度有贡献的排列数是 $N!$ 除以第一个单元格中 n_1 个粒子的排列方式，除以第二个单元格中 n_2 个粒子的排列方式……除以第 J 个单元格中 n_J 个粒子的排列方式，即除以 $n_1!n_2!\cdots n_J!$，总共是 $N!/(n_1!n_2!\cdots n_J!)$ 种不同的排列。这个数字 $N!/(n_1!n_2!\cdots n_J!)$ 很明显是二项式系数的推广，叫作**多项式系数**。

因此，该占有数宏观状态的多重度为

$$\Omega=\frac{N!}{n_1!n_2!\cdots n_J!} \tag{3.24}$$

对应的相对熵为

$$S=c+k\ln\left(\frac{N!}{n_1!n_2!\cdots n_J!}\right)$$

$$=c+k\left(N\ln N-\sum_{j=1}^{J}n_j\ln n_j\right) \tag{3.25}$$

在这一步中，我们采用斯特林近似，并假设单相空间单元格的大小 H^3 足够大，对所有的 j 值满足占有数 $n_j\gg 1$。

熵的最大化

接下来我们来求解一个占有数宏观状态的熵相对于占有数 n_j 的最大值问题。占有数 n_j 受粒子数守恒约束

$$N=\sum_{j=1}^{J}n_j \tag{3.26}$$

和总能量守恒约束

$$E=\sum_{j=1}^{J}\varepsilon_j n_j \tag{3.27}$$

这里 ε_j 是单粒子相空间内第 j 个单元格中的粒子能量。例如，当系统是理想气体时，粒子能量 ε_j 与其粒子动量 $p_{x,j}$，$p_{y,j}$ 和 $p_{z,j}$ 有关，即 $\varepsilon_j=(p_{x,j}^2+p_{y,j}^2+p_{z,j}^2)/2m$。对于其他类型的系统，粒子能量 ε_j 和粒子相空间坐标 x_j,y_j,z_j，$p_{x,j},p_{y,j},p_{z,j}$ 之间有其他的关系。

如果将满足式（3.26）和式（3.27）两个约束条件的占有数 n_j 看作连续变量，可以使用微积分的方法来求熵相对于占有数的最大值。将两个约束条件引入到该最大值问题时使用了两个拉格朗日乘子 α 和 β。因此，要想获得式（3.25）的最大值，对于每一个 n_j，需要求其被约束的标准化相对熵的偏导数

$$N\ln N - \sum_{j=1}^{J} n_j \ln n_j + \alpha \left(N - \sum_{j=1}^{J} n_j \right) + \beta \left(E - \sum_{j=1}^{J} n_j \varepsilon_j \right) \qquad (3.28)$$

为零。利用

$$n_j = e^{-(1+\alpha)} e^{-\beta \varepsilon_j} \qquad (3.29)$$

可以求得结果为 $-\ln n_j - 1 - \alpha - \beta \varepsilon_j = 0$。这里拉格朗日乘子 α 和 β 原则上可以由约束条件式（3.26）和式（3.27）所确定。由于约束相对熵式（3.29）对所有 j 值的占用数 n_j 的二阶偏导都小于零，这就意味着它是一个最大值，而不仅仅是一个平稳值。

单粒子配分函数

为了消除拉格朗日乘子 α，在 6 维单粒子相空间的所有单元格内将方程式（3.29）的两侧求和，则有

$$N = e^{-(1+\alpha)} \sum_{j=1}^{J} e^{-\beta \varepsilon_j} \qquad (3.30)$$

反过来，将式（3.29）转换为占有数频率

$$\frac{n_j}{N} = \frac{e^{-\beta \varepsilon_j}}{\sum_{j=1}^{J} e^{-\beta \varepsilon_j}} \qquad (3.31)$$

或者，等价地、更简洁地变成

$$\frac{n_j}{N} = \frac{e^{-\beta \varepsilon_j}}{Z_1} \qquad (3.32)$$

其中

$$Z_1 = \sum_{j=1}^{J} e^{-\beta \varepsilon_j} \qquad (3.33)$$

被称为单粒子配分函数，其符号来源于德语单词"Zustandssumme"（状态之和）。

　　单粒子配分函数 Z_1 及其一般形式在统计物理中非常有用，因为它简化了许多表达式，并给出了一种有效的计算顺序。例如，将式（3.32）和式（3.33）代入能量约束式（3.27），得到

$$\frac{E}{N} = \frac{\sum\limits_{j=1}^{J} \varepsilon_j e^{-\beta \varepsilon_j}}{\sum\limits_{j=1}^{J} e^{-\beta \varepsilon_j}}$$

$$= -\frac{\partial}{\partial \beta} \ln \sum_{j=1}^{J} e^{-\beta \varepsilon_j} \tag{3.34}$$

$$= -\frac{\partial}{\partial \beta} \ln Z_1$$

利用此结果和式（3.32），相对熵式（3.25）可以表示为

$$S(E, V, N) = c(N) + k \left[N\ln N - \sum_{j=1}^{J} n_j (\ln N - \beta \varepsilon_j - \ln Z_1) \right]$$

$$= c(N) + k(N\ln N - N\ln N + \beta E + N\ln Z_1) \tag{3.35}$$

$$= c(N) + k(\beta E + N\ln Z_1)$$

这里明确地给出了熵与广延量 E，V 和 N 之间的关系。

消　除　β

　　通常根据能量约束式（3.27）或式（3.34），用系统能量 E 来消除拉格朗日乘子 β。但是这个过程的代数运算，即使有可能完成也是极其困难的。相反，回想一下，当我们知道一个流体系统的熵是如何依赖它的能量 E 时，通过 $1/T = (\partial S/\partial E)_{V,N}$ 就可以知道该系统的温度。为了利用这一结论，我们使用关系式（3.35），因为它给出了 S 相对于 E 的一般表达式。于是有

$$\frac{1}{kT} = \beta + E\left(\frac{\partial \beta}{\partial E}\right)_{V,N} + N\left(\frac{\partial \ln Z_1}{\partial E}\right)_{V,N}$$

$$= \beta + \left(\frac{\partial \beta}{\partial E}\right)_{V,N} \left[E + N\left(\frac{\partial \ln Z_1}{\partial \beta}\right) \right] \tag{3.36}$$

将式（3.34）代入式（3.36）可得

$$\beta = \frac{1}{kT} \tag{3.37}$$

虽然可以使用式（3.37）用温度 T 将熵中拉格朗日乘子 β 完全消除，但是在代数式中保留 β 更加方便，我们只需记住 $\beta = 1/kT$ 即可。

麦克斯韦-玻耳兹曼分布

将 $\beta = 1/kT$ 代入式（3.31），则占有数频率的表达式转变为

$$\frac{n_j}{N} = \frac{e^{-\varepsilon_j/kT}}{\sum\limits_{j=1}^{J} e^{-\varepsilon_j/kT}} \tag{3.38}$$

这就是著名的**麦克斯韦-玻耳兹曼分布**。回想一下，在推导麦克斯韦-玻耳兹曼分布式（3.38）时，我们假设占有数 n_j 远远大于 1。这样比值 n_j/N 非常接近任意一个粒子占据 6 维单粒子相空间第 j 个单元格的概率 p_j。因此，一个系统的非约束粒子很少会去占据那些能量高于其特征热能 kT 的单元格。

总　　结

总结一下占有数方法。由 N 个相同但可分辨的粒子组成的系统的熵为

$$S(E,V,N) = c(N) + k(\beta E + N \ln Z_1) \tag{3.39}$$

假设可以用广延量 E，V 和 N 来表示 $\beta = 1/kT$ 和 Z_1。其中

$$E = -N \frac{\partial}{\partial \beta} \ln Z_1 \tag{3.40}$$

$$Z_1 = \sum_{j=1}^{J} e^{-\beta \varepsilon_j} \tag{3.41}$$

这里

$$\beta = \frac{1}{kT} \tag{3.42}$$

因此，单粒子配分函数式（3.41）包含了特定模型的所有物理性质，而式（3.39）和式（3.40）则给出了熵和能量的计算方法。

配分函数式（3.41）中的和是对单个粒子所有可能的微观状态求

和。这些微观状态由大小一致的不同单元格确定。每一个单元格的大小均为 H^3，它们组成了一个坐标为 x，y，z，p_x，p_y，p_z 的 6 维单粒子相空间。式 （3.39）～式 （3.42）适用于一个由 N 粒子组成的系统，该系统中的粒子共享一个相空间，并各自独立地占据相空间的位置，除了系统对能量和粒子数的约束之外，粒子之间不发生相互作用。

3.5　理想经典气体

本小节通过确定单粒子配分函数 Z_1，将占有数方法应用于理想经典气体。就像玻耳兹曼假设的那样，我们也假设相空间中的单元格的大小 H^3 足够大，使得每个单元格中的粒子数 n_j 在相邻的单元格之间只有轻微的变化。在此假设下，占有数 n_j 可以看作相空间坐标的连续函数，因此可以用积分来代替状态求和

$$\sum \to \int \frac{\mathrm{d}x \mathrm{d}y \mathrm{d}z \mathrm{d}p_x \mathrm{d}p_y \mathrm{d}p_z}{H^3} \tag{3.43}$$

于是

$$\sum_j \mathrm{e}^{-\beta\varepsilon_j} \to \frac{1}{H^3} \int \mathrm{d}x \int \mathrm{d}y \int \mathrm{d}z \int \mathrm{d}p_x \int \mathrm{d}p_y \int \mathrm{d}p_z \mathrm{e}^{-\beta\varepsilon} \tag{3.44}$$

其中

$$\varepsilon = \frac{p_x^2 + p_y^2 + p_z^2}{2m} \tag{3.45}$$

为相空间坐标表示的单原子理想经典气体一个粒子的能量。所以

$$
\begin{aligned}
\sum_j \mathrm{e}^{-\beta\varepsilon_j} &\to \frac{1}{H^3} \int \mathrm{d}x \int \mathrm{d}y \int \mathrm{d}z \int \mathrm{d}p_x \int \mathrm{d}p_y \int \mathrm{d}p_z \mathrm{e}^{-\beta(p_x^2 + p_y^2 + p_z^2)/2m} \\
&= \frac{V}{H^3} \left(\int_{-\infty}^{\infty} \mathrm{e}^{-\beta p^2/2m} \mathrm{d}p \right)^3 \\
&= \frac{V}{H^3} \left(\frac{2m}{\beta} \right)^{3/2} \left(\int_{-\infty}^{\infty} \mathrm{e}^{-s^2} \mathrm{d}s \right)^3 \\
&= \frac{V}{H^3} \left(\frac{2m\pi}{\beta} \right)^{3/2}
\end{aligned}
\tag{3.46}
$$

其中，在最后一步我们使用了恒等式 $\int_{-\infty}^{\infty} e^{-x^2} dx = \sqrt{\pi}$。因此

$$Z_1 = \frac{V}{H^3} \left(\frac{2m\pi}{\beta} \right)^{3/2} \tag{3.47}$$

是单原子理想经典气体的单粒子配分函数。这个配分函数包含了这个模型的所有物理性质。

配分函数式（3.47）以及概述占有数方法的方程组式（3.39）~式（3.42）表明

$$
\begin{aligned}
E &= -N \frac{\partial}{\partial \beta} \ln Z_1 \\
&= -N \frac{\partial}{\partial \beta} \ln \left[\frac{V}{H^3} \left(\frac{2m\pi}{\beta} \right)^{3/2} \right] \\
&= \frac{3}{2} NkT
\end{aligned}
\tag{3.48}
$$

进一步，我们可以给出经典理想气体的熵

$$
\begin{aligned}
S(E, V, N) &= c(N) + k(\beta E + N \ln Z_1) \\
&= c(N) + Nk \left\{ \frac{3}{2} + \ln \left[\frac{V}{H^3} \left(\frac{2m\pi}{\beta} \right) \right]^{3/2} \right\} \\
&= c(N) + Nk \left\{ \frac{3}{2} + \ln \left[V \left(\frac{E}{N} \right)^{3/2} \left(\frac{4m\pi}{3H^2} \right)^{3/2} \right] \right\} \\
&= c(N) + k \ln \left[V \left(\frac{E}{N} \right)^{3/2} \left(\frac{4e\pi m}{3H^2} \right)^{3/2} \right]^N
\end{aligned}
\tag{3.49}
$$

注意，通过对 $6N$ 维相空间进行离散，方程式（3.49）可以重新得到第 3.2 节中理想气体系统的多重度和熵。根据熵函数（3.49）的偏导数 $(\partial S / \partial E)_{V,N} = 1/T$ 和 $(\partial S / \partial E)_{E,N} = p/T$，可以导出物态方程：$E = 3NkT/2$ 和 $pV = NkT$。

3.6 理想经典固体

理想经典固体是由排布在晶体阵列上的 N 个粒子组成的系统，

每一个粒子都在其固定点附近以共同的频率 ν_0 相互独立地做简谐振动，如图 3.2 所示。虽然这些粒子不占据相同的位置空间，即不占据相同的相空间，但它们的确占据了结构上相同的相空间。因此，我们依然可以用占有数的方法来确定理想经典固体的熵。

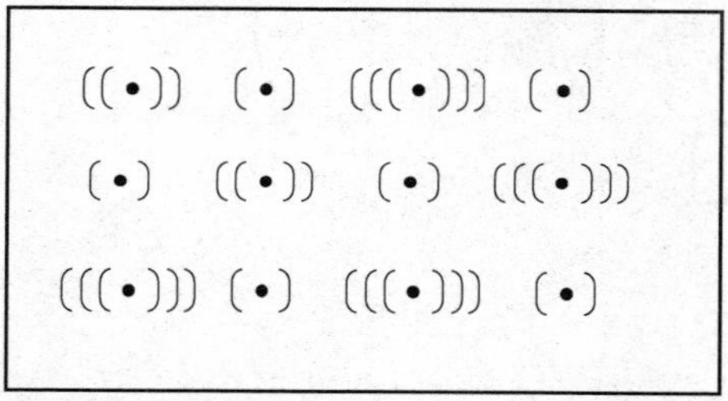

$$((\bullet))\quad (\bullet)\quad (((\bullet)))\quad (\bullet)$$

$$(\bullet)\quad ((\bullet))\quad (\bullet)\quad (((\bullet)))$$

$$(((\bullet)))\quad (\bullet)\quad (((\bullet)))\quad (\bullet)$$

图 3.2 经典的理想固体是由原子或分子组成的，它们围绕晶体阵列的固定中心做简谐振动（相同的频率，不同的振幅和相位）。虽然这里只显示了左右运动，但是模型包含了所有三个方向的运动

每个粒子有三个位置坐标 x, y, z 和三个动量坐标 p_x, p_y, p_z。位置坐标的范围仅仅包含原子或分子大小的振动区域，而不是整个固体所占的体积 V。另外，每个粒子的能量 ε 是其动能和势能之和，即

$$\varepsilon = \frac{p_x^2 + p_y^2 + p_z^2}{2m} + \frac{m\omega_0^2}{2}(x^2 + y^2 + z^2) \tag{3.50}$$

其中 $\omega_0 = 2\pi\nu_0$ 是以 rad/s 为单位的振动频率，ν_0 是以 Hz 为单位的振动频率，$m\omega_0^2$ 是弹性常数。所有的量对于所有的粒子以及所有方向上的振动都是相同的。

对于配分函数

$$Z_i = \sum_j e^{-\beta\varepsilon_j}$$

再次将其中的状态求和过程用积分来替代，即

$$\sum_j \rightarrow \frac{1}{H^3} \int dx \int dy \int dz \int dp_x \int dp_y \int dp_z \tag{3.51}$$

得

$$\sum_j e^{-\beta\varepsilon_j} \rightarrow \frac{1}{H^3}\int dx \int dy \int dz \int dp_x \int dp_y \int dp_z e^{-\beta\varepsilon}$$

$$\rightarrow \frac{1}{H^3}\int dx \int dy \int dz e^{-\beta m\omega_0^2(x^2+y^2+z^2)/2}\int dp_x \int dp_y \int dp_z e^{-\beta(p_x^2+p_y^2+p_z^2)/2m}$$

$$\rightarrow \frac{1}{H^3}\left(\frac{2}{\beta m\omega_0^2}\right)^{3/2}\left(\frac{2m}{\beta}\right)^{3/2}\left(\int_{-\infty}^{\infty}e^{-s^2}ds\right)^6 \qquad (3.52)$$

$$= \frac{1}{H^3}\left(\frac{4\pi^2}{\beta^2\omega_0^2}\right)^{3/2}$$

于是单粒子配分函数为

$$Z_1 = \frac{1}{(\beta H\nu_0)^3} \qquad (3.53)$$

注意，在式（3.52）的第二步中，我们将空间积分扩展到整个空间，而不是系统体积 V，或者更恰当地说，扩展到典型振动球这样一个相对较小的体积。这种策略只引入了一个非常小的误差，因为当距振荡中心的距离 $\sqrt{x^2+y^2+z^2}$ 远大于 $\sqrt{2/\beta m\omega_0^2}$ 时，空间积分的被积函数 $\exp\left[-\beta m\omega_0^2(x^2+y^2+z^2)/2\right]$ 变得非常小。基于此原因，$\sqrt{2/\beta m\omega_0^2}$ 被当作振荡球的典型半径。空间积分的这种近似也解释了为什么理想经典固体的单粒子配分函数式（3.53）与系统体积 V 无关。

利用式（3.53），能量表达式 $E=-N\partial\ln Z_1/\partial\beta$ 可以简化为 $E=3N/\beta$，也就是能量的状态方程

$$E = 3NkT \qquad (3.54)$$

因此，式（3.54）隐含了热容的表达式

$$C = \partial E/\partial T = 3Nk \qquad (3.55)$$

该结果再现了杜隆-珀蒂定律，根据该定律，固体的摩尔热容 C_m 总是接近于普适常数 $3R = 25\text{J}/(\text{mol}\cdot\text{K}) \approx 6.0\text{cal}/(\text{mol}\cdot\text{K})$。

能量均分定理

N 粒子单原子理想经典气体的能量物态方程 $E=3NkT/2$ 和 N 粒子理想经典固体的能量状态方程 $E=3NkT$ 两者之间的相似性，来源于它们的粒子能量 ε 表达式的相似性，两个粒子能量表达式分别为

$\varepsilon=(p_x^2+p_y^2+p_z^2)/2m$ 和 $\varepsilon=(p_x^2+p_y^2+p_z^2)/2m+m\omega_0^2(x^2+y^2+z^2)/2$。显然，当相空间积分可以推广到整个相空间时，**相空间坐标中粒子能量二次项中的每一项对 N 个独立粒子系统的内能贡献均为 $NkT/2$**，这就是所谓的**均分定理**。当均分定理适用时，一个系统的内能在它的各自由度之间是相等的。因为对于 N 粒子单原子理想经典气体中的每一个粒子，其能量包含三个动量的二次项，所以它的内能 E 是 $3\times(NkT/2)$。对于理想经典固体的每一个振子，它的坐标系中包含 6 个二次项，所以其内能 E 是 $6\times(NkT/2)$。

理想经典固体的熵

最后，我们给出了理想经典固体的熵的表达式，该表达式以宏观状态的内能 E 和粒子数 N 为变量。根据占有数法，有 $S=c(N)+k(\beta E+N\ln Z_1)$，其中 $\beta=1/kT$。此外，根据我们的经典理想固体模型，有 $E=3NkT$ 和 $Z_1=1/(\beta H\nu_0)^3$。结合这些结果可得

$$S(E,N)=c(N)+3Nk\left[1+\ln\left(\frac{E}{3NH\nu_0}\right)\right] \qquad (3.56)$$

因为这个熵与体积 V 无关，所以经典理想固体的压强消失了——这是模型过于简单导致的一个不切实际的结果。

例题 3.2　平均动能

问题：经典单原子理想气体粒子的平均动能是多少？这个气体粒子的均方根速度是多少？

解：由于经典单原子理想气体的所有能量都包含在它的粒子动能中，这些问题的答案几乎可以立即从单原子理想经典气体状态方程 $E=3NkT/2$ 得到。每个粒子的平均动能 $E/N=3kT/2$，是热力学温度 T 的函数。对于遵守均分定理的系统，我们可以得到平均动能与热力学温度之间的比例关系。如果 m 是每个气体颗粒的质量，那么颗粒的均方根速度 $\sqrt{\langle v^2\rangle}$ 由下式确定

$$\frac{m\langle v^2\rangle}{2}=\frac{3kT}{2}$$

因此，

$$\sqrt{\langle v^2 \rangle} = \sqrt{\frac{3kT}{m}}$$

气体越热，它的粒子就运动得越快；粒子质量越大，运动得越慢。

3.7 玻耳兹曼墓碑

也许令人惊讶的是，经典统计力学与力学本身，也就是运动学，几乎没有什么联系。经典统计力学的方法不需要满足 $F = ma$，也不需要满足运动方程的解。粒子会运动，但是运动的概率遵循一定的规则：基本假设，能量守恒，粒子数守恒。回想起来，玻耳兹曼将这种想法转变成一种统计方法是有先见之明的。因为我们将会看到，玻耳兹曼的熵的方法几乎与他去世后出现的量子物理学是完全一致的。

回顾一下相对熵与宏观状态多重度之间的关系 $S = c + k\ln\Omega$ 遵循以下假设：（1）一个孤立系统的熵是宏观状态多重度 Ω 的函数 $S(\Omega)$；（2）孤立子系统的熵是相加的；（3）它们的宏观状态多重度在统计上是独立的。计算多重度 Ω 最直接的方法是第 3.1 节及第 3.2 节所述的方法，即对于一个能量为 E、体积为 V 和可分辨粒子数为 N 的系统，将其可能的相空间进行离散化，然后计算单元格的数目。

在实际中，玻耳兹曼更倾向于使用相对间接但功能强大的占有数方法来确定由 N 个独立可分辨粒子组成的系统的熵。这种方法的步骤为：（1）将 6 维相空间中的粒子分配到 J 个单元格中；（2）定义一个宏观状态，在此状态中系统的 N 个粒子被分配到这 J 个单元格内的粒子数依次为 $n_1, n_2, \cdots, n_J$；（3）计算该宏观状态多重度 Ω 的数目 $N!/(n_1! n_2! \cdots n_J!)$；（4）在约束条件 $N = n_1 + n_2 + \cdots + n_j$ 和 $E = n_1\varepsilon_1 + n_2\varepsilon_2 + \cdots + n_j\varepsilon_j$ 下计算熵 $S = c + k\ln\Omega$ 的最大值。无论是采用直接法还是占有数法，所获得的都是相对熵，而不是绝对熵。

那么，在维也纳中央公墓中，玻耳兹曼的墓碑上刻着的绝对熵公式 $S = k\log W$ 该如何解释呢？显然，1933 年为玻耳兹曼墓雕刻墓碑的人认为，$S = k\log W$ 囊括了玻耳兹曼对物理学的贡献。但是这个方程在玻耳兹曼的著作中并没有出现，它来源于马克斯·普朗克，并包含了玻耳兹曼没有意识到的物理学。最后的这个观点可能会有争议，因此需要加以证实。

但是首先，$S = k\log W$ 是什么意思？S 代表熵的含义，是克劳修斯在 1865 年建立的，k 是普朗克提出的，我们现在称之为玻耳兹曼常数（可能是以德语 Konstant 这个词命名的）。但是字母 W，从德语单词 "Wahrscheinlichkeit" 提取 "概率" 一词是有问题的。因为概率通常归一化在 0 到 1 之间，包括 0 和 1。如果是 $0 \leqslant W \leqslant 1$，方程 $S = k\log W$ 就会导致负熵，这与克劳修斯定律以及我们的期望相反。可以肯定的是，普朗克设想了其他将概率归一化的方法，他不是把 W 称为**概率**，而是**热力学概率**。另一些人将 W 称为**热力学或统计权重**。在实际应用中，玻耳兹曼常将 W 作为占有数法的一部分，并将 W 替换为多项式系数 $N!/(n_1!n_2!\cdots n_j!)$。因此 W 似乎相当于我们所说的一个 N 粒子系统的占有数宏观状态的多重度 Ω。

根据这些知识，玻耳兹曼墓碑上的 $S = k\log W$ 相当于 $S = k\ln\Omega$。我们还回到这个问题：需要什么物理机制才能把描述经典系统的熵公式 $S = c + k\ln\Omega$ 转化为刻在玻耳兹曼墓碑上的公式呢？正如我们将在第 4.5 节中看到的那样——缺失的物理机制就是热力学第三定律，该定律允许人们在 $T \rightarrow 0$ 极限下采用一个常规的熵值。瓦尔特·能斯特（1864—1941）在 1906 年第一次提出了热力学第三定律，遗憾的是这对于玻耳兹曼来说太晚了，他于当年 9 月就去世了。玻耳兹曼所研究的理想气体模型和理想固体模型都不符合热力学第三定律。显然，方程 $S = k\log W$ 不仅概述了玻耳兹曼对物理学的直接贡献，而且还包含了他对奠定一个他去世后才出现的新量子统计物理学的基础的贡献。

习　题　3

3.1　室温密度

当 $T = 320$K，压强为 1atm 时，求 1cm³ 内理想气体的粒子数。（请参阅附录 I "物理常数和标准定义"。）

3.2 范德瓦耳斯状态方程

大多数统计力学的目标是产生有意义的配分函数。假设有人给你一个现成的单粒子配分函数：

$$Z_1 = (V-Nb)\left(\frac{2\pi}{m\beta}\right)^{3/2} e^{\beta aN/V}$$

其中 a 和 b 是描述气体系统的常数，$\beta = 1/kT$。求：

（a）对应的能量状态方程；

（b）熵函数 $S(E,V,N)$；（注意：β 是一个关于广延量 E,V,N 的函数。）

（c）由熵函数 $S(E,V,N)$ 再次求能量状态方程；

（d）由熵函数 $S(E,V,N)$ 求压强状态方程。

3.3 双原子分子的理想气体

双原子分子的理想气体的单粒子配分函数为

$$Z_1 = V\left(\frac{2\pi}{m\beta}\right)^{5/2}$$

其中 $\beta = 1/kT$。求：

（a）相应的能量状态方程和压强状态方程；

（b）利用能量均分定理，对气体中双原子分子能量的二次项的数目作一个有意义的陈述。

3.4 理想混合气体

两个装满理想气体的容器，一个是 N_2 分子，另一个是 O_2 分子，具有相同的体积 V、压强 p 和温度 T。打开连接两个容器的阀门，所产生的混合物达到平衡。假设容器是绝热的，则这个双气体系统的熵的增量 ΔS 是多少？使用方程式（3.49）。

3.5 理想固体的广延性

请对式（3.56）中给出的理想经典固体的熵施加广延性条件 $S(\lambda E, \lambda N) = \lambda S(E,N)$。（提示：就像理想经典气体有一组广延熵一样，理想经典固体也有一组广延熵。）

3.6 室温下 N_2 分子的速度

利用附录Ⅰ"物理常数和标准定义"中给出的数据来确定室温（$T = 300K$）下 N_2 分子的均方根速度。N_2 的质量为 28.0u。

第4章

量子系统的熵

4.1 量子化条件

1900 年 12 月 14 日，马克斯·普朗克（1858—1947）在德国物理学会的一次会议上宣布推导出与最新数据相符的黑体辐射光谱能量密度，从而开创了量子物理学的新纪元。普朗克意图将麦克斯韦方程和玻耳兹曼统计力学应用于均匀壁面温度为 T 的腔内电磁辐射，即平衡辐射或黑体辐射。但在这个过程中，意想不到的事情发生了：控制相空间单元格大小的任意量 H 竟然以可以测量的形式存在。普朗克当时的数据表明，H 有一个确定的固定值，因此记作 h，这个值很接近现代值

$$h = 6.63 \times 10^{-34} \text{m}^2 \cdot \text{kg/s} \tag{4.1}$$

这是一个普适常量，也就是现在常说的普朗克常量。

1900 年，普朗克在他的推导过程中有多大程度上受到了量子革命性思想的启发，科学史学家们对这一问题仍然存在这争论。但是到 1908 年的时候，普朗克对新思想就已经很明白了。到 1925 年，物理学家们已经理解量子物理学包括以下几个条件：（1）相空间的尺寸由普朗克常数 h 决定；（2）孤立系统的能量、动量以及其他动力学性质都是量子化的；（3）用来确定多重度的全同粒子彼此之间是不可分辨的。

虽然经典力学无法解释，但是继 1900—1925 年旧量子理论之后，这些条件可以通过波动量子力学自然地给出。在这场量子革命中，克劳修斯的热力学熵概念和玻耳兹曼将系统熵与其宏观状态多重度联系起来的框架被保留下来，但是确定宏观状态多重度的方式得到了改进。

统计力学的经典方法仍然是适用的，例如，适用于理想气体的物态方程仍然有效的情况。但是，统计力学的经典方法具有一定的适用范围，在适用范围之外会得出与测量结果不一致的预测。

量子化条件一个小小的应用就是用普朗克常数 h 代替任意量 H 来重新解释理想气体的广延熵式（3.22）。其结果为

$$S(E,V,N) = Nk\left\{\frac{5}{2} + \ln\left[\left(\frac{V}{N}\right)\left(\frac{E}{N}\right)^{3/2}\left(\frac{4\pi m}{3h^2}\right)^{3/2}\right]\right\} \qquad (4.2)$$

该结果被称为萨克-特多鲁特熵，在 1912 年以这两位独立研究人员的名字命名。回顾一下，玻耳兹曼为了离散相空间而发明了量 $H \equiv \delta s \delta x$，但是不需要给 H 一个确定的值。然而，量子物理学需要并且确实赋予了 H 一个确定的值 $h = 6.63 \times 10^{-34}\,\text{m}^2 \cdot \text{kg/s}$。后面我们将看到，萨克-特多鲁特熵式（4.2）中利用普朗克常量对相空间进行离散化，得到的量子化理想单原子气体在半经典状态下的广延绝对熵，其实是低密度、高温状态下的结果。

4.2 量子化谐振子

量子化谐振子需要探索两个量子化条件：确定相空间单元格和量子化能量。

考虑一个由 N 个相同的简谐振子组成的阵列，每一个谐振子都在其中心点处以频率 $\omega_0 = 2\pi\nu_0$ 独立地振动，其中 ν_0 的单位为 Hz。虽然这些谐振子都是相同的，但由于它们的振荡中心位置不同，所以它们是可以分辨的。$m\omega_0^2$ 是使谐振子返回平衡位置的线性恢复力的力常数，其中 m 是谐振子的质量。

当这些振子一维排列时，每个振子的状态可以用二维单粒子 x-p 相空间中的一个点来表示，如图 4.1a 和图 4.1b 所示。

谐振子的能量量子化

图 4.1a 给出了在相空间中随机分布的谐振子。但是，如果我们能十分精确地观察它们的位置，就会看到谐振子自然地占据了如图 4.1b

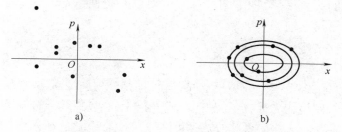

图 4.1　二维单粒子 x-p 相空间中的谐振子位置

a）随机分布的谐振子　b）位于恒定能量椭圆上的谐振子，

相邻椭圆之间的能量间隔为 $h\nu_0$

所示的等能量椭圆的位置。因此一个一维谐振子的能量 ε 与它的位置 x 和动量 p 之间的关系式为

$$\frac{m\omega_0^2 x^2}{2} + \frac{p^2}{2m} = \varepsilon \qquad (4.3)$$

所以，在相空间中位于同一个椭圆上的谐振子具有相同的能量 ε

$$\frac{x^2}{(2\varepsilon/m\omega_0^2)} + \frac{p^2}{(2m\varepsilon)} = 1 \qquad (4.4)$$

此外，位于最小椭圆上的谐振子能量为 $\varepsilon_0 = 1/2h\nu$，位于第二小椭圆上的能量为 $\varepsilon_1 = (1+1/2)h\nu_0$，第三小椭圆上的谐振子能量为 $\varepsilon_2 = (2+1/2)h\nu_0$，以此类推。显然，根据这个规律，量子化谐振子的能量为

$$\varepsilon_j = \left(j+\frac{1}{2}\right)h\nu_0 \qquad (4.5)$$

其中 $j = 0, 1, 2, \cdots$

谐振子相空间量子化

以这种方法量子化能量的一个结果就是相空间中每个椭圆周围的面积本身也是量子化的。因为一个椭圆的面积是 π 再乘以它的两个半轴的乘积，所以第 j 个椭圆的面积 A_j 为：

$$A_j = \pi\sqrt{\frac{2\varepsilon_j}{m\omega_0^2}}\sqrt{2m\varepsilon_j} = \frac{\varepsilon_j}{\nu_0} = h\left(j+\frac{1}{2}\right) \qquad (4.6)$$

在方程的第二步中，我们使用了式（4.5）。因此

$$A_{j+1}-A_j=h \tag{4.7}$$

即量子化谐振子相空间中第（$j+1$）和第 j 个椭圆之间的面积为普朗克常数 h。

如果一维系统中最小相空间单元格的面积是 h，那么它的形状是什么？特别地，为什么不能将谐振子相空间中包围等能量椭圆的椭圆环作为最小单元格的形状？这是因为不可能有统一的单元格形状。如果有，那么这个单元格的形状是什么？矩形？圆形？还是楔形？显然，每个系统都有一个适合于其动力学结构的单元格形状。如果谐振子相空间中的单元格是包围等能量椭圆的椭圆环，则每个椭圆环的面积都为 h。在本例中，位于同一个椭圆上的所有点都位于一个单元格内。

谐振子的熵

由于我们可以通过各自的位置分辨量子化谐振子，所以位于第 j 个椭圆上的谐振子数量就是第 j 个单元格中的占有数 n_j。于是可以采用式（3.39）~式（3.42）所描述的玻耳兹曼占有数法。

另外，我们不再需要假设占有数 n_j 是 x 和 p 的连续函数。我们可以精确地进行求和！这是非常幸运的，因为我们不用再假设单粒子相空间单元格内必须包含许多个粒子。特别地，考虑当微观状态指数 j 从 0 到 ∞ 时，

$$\begin{aligned}
Z_1 &= \sum_{j=0}^{\infty} e^{-\beta \varepsilon_j} \\
&= \sum_{j=0}^{\infty} e^{-\beta h\nu_0(j+1/2)} \\
&= e^{-\beta h\nu_0/2}(1+e^{-\beta h\nu_0}+e^{-2\beta h\nu_0}+e^{-3\beta h\nu_0}+\cdots) \\
&= e^{-\beta h\nu_0/2}[1+(e^{-\beta h\nu_0})^1+(e^{-\beta h\nu_0})^2+(e^{-\beta h\nu_0})^3+\cdots] \\
&= \frac{e^{-\beta h\nu_0/2}}{1-e^{-\beta h\nu_0}}
\end{aligned} \tag{4.8}$$

因为 $\beta=1/kT$，根据占有数法，$n_j/N=e^{-\varepsilon_j/kT}/Z_1$，得出一维谐振子的占

有数频率为

$$\frac{n_j}{N} = e^{-jh\nu_0/kT}(1 - e^{-h\nu_0/kT}) \qquad (4.9)$$

其中 $j = 0, 1, 2, \cdots$

N 个一维谐振子系统的能量为

$$E = -N\frac{\partial}{\partial \beta}\ln Z_1 \qquad (4.10)$$

$$= Nh\nu_0\left[\frac{1}{2} + \frac{1}{(e^{h\nu_0/kT} - 1)}\right]$$

根据标准化系统能量 $E/Nh\nu_0$，求解方程（4.10）可以求出 $h\nu_0/kT$。再经过一些代数运算可得

$$\frac{h\nu_0}{kT} = \ln\left(\frac{\dfrac{E}{Nh\nu_0} + \dfrac{1}{2}}{\dfrac{E}{Nh\nu_0} - \dfrac{1}{2}}\right) \qquad (4.11)$$

通过关系式（4.11）、能量状态方程（4.10）和配分函数（4.8），可以求出系统广延量表示的熵 $S(E, N)$，即

$$S(E, N) = c(N) + k(\beta E + N\ln Z_1)$$

$$= c(N) + Nk\left[\left(\frac{E}{Nh\nu_0} + \frac{1}{2}\right)\ln\left(\frac{E}{Nh\nu_0} + \frac{1}{2}\right) - \qquad (4.12)\right.$$

$$\left.\left(\frac{E}{Nh\nu_0} - \frac{1}{2}\right)\ln\left(\frac{E}{Nh\nu_0} - \frac{1}{2}\right)\right]$$

关于求解此结果的最有效的方法，见习题4.1。

三维谐振子

当它们具有相同的频率 ν_0 时，$3N$ 个一维谐振子在统计上等价于 N 个三维谐振子。因此，N 个三维振子的能量可以由式（4.10）给出，用 $3N$ 代替 N，即

$$E = 3Nh\nu_0\left[\frac{1}{2} + \frac{1}{(e^{h\nu_0/kT} - 1)}\right] \qquad (4.13)$$

N 个三维振子系统的熵可以由式（4.12）给出，也用 $3N$ 代替 N，即

$$S(E,N) = c(N) + 3Nk\left[\left(\frac{E}{3Nh\nu_0} + \frac{1}{2}\right)\ln\left(\frac{E}{3Nh\nu_0} + \frac{1}{2}\right) - \right.$$

$$\left.\left(\frac{E}{3Nh\nu_0} - \frac{1}{2}\right)\ln\left(\frac{E}{3Nh\nu_0} - \frac{1}{2}\right)\right] \qquad (4.14)$$

这里我们重新定义了 $c(N)$。阿尔伯特·爱因斯坦（1879—1955）于 1907 年首次推导并应用了这些结果。

例题 4.1　对　应　原　则

问题： 由 N 个三维线性谐振子组成的系统，它的经典熵和量子熵之间有什么关系？

解： 由量子化谐振子组成的固体，其能量［见式（4.13）］和熵［见式（4.14）］在适当的极限条件下可以简化为经典结果。特别是，用 H 代替 h，量子熵［见式（4.14）］可以还原为理想固体的经典熵［见式（3.56）］

$$S(E,N) = c(N) + 3Nk\left[1 + \ln\left(\frac{E}{3Nh\nu_0}\right)\right]$$

同样，量子化能量［见式（4.13）］可以还原为理想固体的经典能量［见式（3.54）］

$$E = 3NkT$$

实际上，这些简化结果都是在极限情况下获得的。该极限条件为单个谐振子能量 E/N 远高于能量单位 $h\nu_0$，即 $E/N \gg h\nu_0$，或者等效地说，热能 kT 远高于 $h\nu_0$，即 $kT \gg h\nu_0$。这就是**对应原理**的一个应用，根据这个原理可知，总是存在一个极限，即所谓的**半经典极限**，在这个极限中，用普朗克常数 h 替换任意的 H，则量子表达式可以简化为经典表达式。

4.3　爱因斯坦固体

1907 年，阿尔伯特·爱因斯坦可能是第一个有意将量子条件应用

到物理模型中的人，该模型就是我们所说的爱因斯坦固体。它是由一组原子或分子组成的晶体阵列，每一个原子或分子在三维空间中以相同的频率 ν_0 做简谐振动。爱因斯坦推导出了包含 N 个三维谐振子系统的能量表达式（4.13）和熵的表达式（4.14）。

爱因斯坦最为关注的是固体的热容 $C = dE/dT$，即

$$C = 3nN_Ak\frac{(h\nu_0/kT)^2 e^{h\nu_0/kT}}{(e^{h\nu_0/kT}-1)^2} \tag{4.15}$$

这里 n 是摩尔数，N_A 是阿伏伽德罗常数。该热容在高温半经典区域 $kT \gg h\nu_0$，即为杜隆-珀蒂定律 $C = 3nN_Ak = 3nR$。然而，当 $kT/h\nu_0 \to 0$，摩尔热容 $C/n \to 0$。1907 年，物理学家们刚刚意识到，在较低的温度下，摩尔热容会低于依据杜隆-珀蒂定律获得的数值。

爱因斯坦将式（4.15）所描述的 C/n 对温度 T 的依赖关系与金刚石热容的测量数据进行了对比并通过图像展示，该图也是他发表过的仅有的三个理论和实验对比图之一。在此过程中，他使用了现在被称为爱因斯坦温度的量 $h\nu_0/k$ 作为一个参数来拟合数据，并发现对金刚石来说，该值为 $h\nu_0/k = 1325\text{K}$。我利用爱因斯坦的数据，在 SI 单位下重绘了此图，如图 4.2 所示。

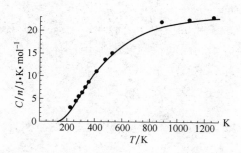

图 4.2　以 $J/(K \cdot mol)$ 表示的金刚石摩尔热容 C/n 的单位以 K 表示的热力学温度 T 的单位的关系图。
［圆点：1907 年爱因斯坦的测量数据；曲线：爱因斯坦的预测结果如式（4.15），其中 $h\nu_0/k = 1325\text{K}$。］

爱因斯坦固体只是一个粗略的模型，它的细节肯定是不准确的。

毕竟，分子会受到相邻分子所施加的力而回到平衡位置，所以相邻分子并不像爱因斯坦假设的那样独立振荡。这些分子的集体运动会产生一个完整的振动谱，而不是一个单一频率。彼得·德拜（1884—1966）将这些集体振荡纳入到固体的统计模型中，得到了与实验数据更加吻合的结果。正是爱因斯坦1907年的论文开启了现代凝聚态物理学的研究。

4.4 声子

由于简谐振子的能量是以 $h\nu_0$ 为能量单元进行量子化的，其中 ν_0 是振子的固有频率，所以由这些振子组成的系统的能量也是量子化的。

系统的最小能量又称为零度或**基态**能量。值得注意的是，超出该值的归一化系统能量 $(E-3Nh\nu_0/2)/h\nu_0$ 是一个整数。在本书中，一个具有 $h\nu_0$ 大小能量包的爱因斯坦固体或者说能量子被称为声子。因此，当声子从一个地方扩散到另一个地方时，能量从固体的一个地方流到另一个地方。

这种爱因斯坦固体能量的思考方式提供了另外一种推导熵的方式，它使用三个量子条件：（1）确定相空间单元格；（2）量子化能量；（3）量子化的不可分辨声子。假设每个振子的自由度都是一个可以容纳任意数量声子的隔间，则爱因斯坦固体由 $3N$ 个这样的隔间组成，这些隔间一起容纳着声子。

$$\bigcirc\bigcirc\,|\,\bigcirc\,|\,\bigcirc\bigcirc\bigcirc\bigcirc\,|\,|$$

图 4.3 7个声子在5个有序隔间中的排列。符号〇代表声子，
|代表容纳声子的隔间之间的分隔物。从左到右，
这些隔间依次容纳了2，1，4，0和0个声子

$$n=\frac{(E-3Nh\nu_0/2)}{h\nu_0} \tag{4.16}$$

在这 $3N$ 个隔间内分配 n 个不可分辨的声子，所有可能的分配方式数目就是系统的多重度 Ω。为了便于计算多重度，取符号〇代表声

子，|代表隔间之间的分隔物。图 4.3 显示了 7 个声子在 5 个隔间中的分布情况。从左到右，隔间的顺序与振子的位置顺序和自由度有关。这里第一个隔间包含两个声子，第二个隔间包含 1 个声子，第三个隔间包含 4 个声子，第四个和第五个隔间没有声子。

因此，将 n 个不可分辨的声子放入 $3N$ 个隔间内的所有可能的方式满足二项式系数 $(n+3N-1)!/[m!(3N-1)!]$。这个计数过程自然地包含了某些量的守恒：系统能量 $E=h\nu_0(n+3N/2)$ 和振子数 N。因此，由 n 个声子和 N 个三维谐振子组成的宏观状态的多重度为

$$\Omega=\frac{(n+3N-1)!}{n!(3N-1)!} \tag{4.17}$$

它的熵为

$$
\begin{aligned}
S(E,N) &= c(N)+k\ln\left[\frac{(n+3N-1)!}{n!(3N-1)!}\right] \\
&= c(N)+k\left[(n+3N)\ln(n+3N)-n\ln n-(3N)\ln(3N)\right] \\
&= c(N)+k\left[\left(\frac{E}{h\nu_0}+\frac{3N}{2}\right)\ln\left(\frac{E}{h\nu_0}+\frac{3N}{2}\right)-\right. \\
&\quad \left.\left(\frac{E}{h\nu_0}-\frac{3N}{2}\right)\ln\left(\frac{E}{h\nu_0}-\frac{3N}{2}\right)-(3N)\ln(3N)\right] \\
&= c(N)+3Nk\left[\left(\frac{E}{3Nh\nu_0}+\frac{1}{2}\right)\ln\left(\frac{E}{h\nu_0}+\frac{3N}{2}\right)-\right. \\
&\quad \left.\left(\frac{E}{3Nh\nu_0}-\frac{1}{2}\right)\ln\left(\frac{E}{h\nu_0}-\frac{3N}{2}\right)-\ln(3N)\right] \\
&= c(N)+3Nk\left[\left(\frac{E}{3Nh\nu_0}+\frac{1}{2}\right)\ln\left(\frac{E}{3Nh\nu_0}+\frac{1}{2}\right)-\right. \\
&\quad \left.\left(\frac{E}{3Nh\nu_0}-\frac{1}{2}\right)\ln\left(\frac{E}{3Nh\nu_0}-\frac{1}{2}\right)\right]
\end{aligned}
\tag{4.18}
$$

在这个方程中，第一步遵循 $3N\gg1$ 和 $n\gg1$，第二步应用式（4.16）。第四步重新定义了 $c(N)$。式（4.18）中的熵与第 4.2 节中采用占有数确定的熵式（4.14）相同。

声子法得到了直接以热力学参量（这里为能量 E 和振子数 N）为

变量的系统的熵，而无须最大化关于占有数宏观状态的约束熵函数。当可以使用这种直接法时，通常效果都非常好。

不可分辨的粒子和可分辨的位置

直接法直观地表明了全同声子的不可分辨性。毕竟，声子只是简单的能量子。可能人们仍然会反对，认为声子也是可以通过像全同经典粒子被分辨的那种方式一样彼此相互分辨，即被局限在相空间中足够被分离的区域。但只有当振子比声子多的时候才会出现这种情况，也就是说，$N \gg n$，即与经典极限相一致的状态。更普遍地说，全同声子彼此之间是不可分辨的。因此，当两个声子交换位置时，不会产生一个新的微观状态，如同在容纳声子的隔间之间交换两个分隔物一样，也不会产生一个新的微观状态。

但是，这些隔间本身，也就是谐振子，仍然可以按照它们的顺序彼此分辨，如图 4.3 所示。一般来说，晶体阵列中的谐振子可以通过它们所占据的不同位置分辨。全同的对象哪些是可以分辨的，哪些是不可以分辨的，要视实际情况而定。一般来说，那些在相空间中永久占据不同位置的全同物体彼此是可以分辨的，而那些可能在相空间中占据一组公共位置的全同物体是不可以分辨的。

4.5 热力学第三定律

接下来，我们继续使用计算微观状态的直接方法，来确定其他系统的多重度 Ω 和熵 S。但是在此之前，我们首先考察一下热力学第三定律的应用结果。回顾一下热力学第三定律：**热力学系统的熵在温度趋近于绝对零度时趋于定值**。马克斯·普朗克观察到，在这个定律中，人们可以自由地为这个极限值添加一个常用值。

无论是单原子理想经典气体，还是理想经典固体，都不遵循热力学第三定律。因为无论哪一个，其能量状态方程都是 $E \propto T$，所以当 $T \to 0$，有 $E \to 0$。而熵 S 都是 $\ln E$ 的线性函数，因此当 $T \to 0$ 时，它们的熵都将趋于负无穷。

　　然而，爱因斯坦固体确实遵守热力学第三定律。因为当 $T \to 0$ 时，爱因斯坦固体的能量，如式（4.13）给出的，会趋于一个极限值 $E \to 3Nh\nu_0/2$。因此式（4.14）或式（4.18）给出的爱因斯坦固体的熵，有一个极限值 $S(E) \to c(N)$。这里，为了使熵具有广延性，我们不需要这个"常量" $c(N)$，因此可以令 $c(N)$ 等于 0，以便在 $T \to 0$ 的极限情况下让熵与热力学参量无关。一个被普遍认为是经典事物的热力学定律，其发现却如此依赖于量子力学，这可能看起来很奇怪，但事实就是如此。

　　热力学第三定律允许我们重新解释和简化相对熵 $S = c + k\ln\Omega$。首先，相对熵可以写为

$$S(\Omega) = S(1) + k\ln\Omega \qquad (4.19)$$

这里，常数 c 用一个仅包含单个微观状态组成的宏观状态的熵 $S(1)$ 代替。可以看到，当 $T \to 0$，$\Omega \to \Omega_{T=0}$，所以当 $T \to 0$ 时，熵 $S \to S(\Omega_{T=0})$。将该极限值代入式（4.19）得

$$S(\Omega_{T=0}) = S(1) + k\ln\Omega_{T=0} \qquad (4.20)$$

利用式（4.20）将式（4.19）中的 $S(1)$ 消去，得

$$S(\Omega) = S(\Omega_{T=0}) + k\ln\frac{\Omega}{\Omega_{T=0}} \qquad (4.21)$$

根据热力学第三定律，函数 $S(\Omega_{T=0})$ 和其解 $\Omega_{T=0}$ 一定与确定宏观状态的热力学参量无关。这一陈述包含了热力学第三定律的经验性内容，但没有包含普朗克约定。

普朗克约定

　　普朗克约定是指我们可以自由地在基态熵 $S(\Omega_{T=0})$ 上设置一个值，这样可以方便我们做进一步计算。我们通常选择

$$S(\Omega_{T=0}) = k\ln\Omega_{T=0} \qquad (4.22)$$

所以有 $S(1) = 0$，因此孤立系统的相对熵式（4.21）可以简化为绝对熵或热力学第三定律熵的形式

$$S(\Omega) = k\ln\Omega \qquad (4.23)$$

或者，我们也可以选择 $S(\Omega_{T=0}) = 0$，所以式（4.21）简化为 $S(\Omega) =$

$k\ln(\Omega/\Omega_{T=0})$。式（4.22）是一个习惯性选择，它可以导出式（4.23）。我们遵循这一惯例，采用 $S=k\ln\Omega$ 来表示一个完全量子化的、具有广延性的且又服从热力学第三定律的系统的绝对熵。

事实上，这两种约定通常没有区别。一个热力学系统的全量子化模型不仅遵循热力学第三定律，而且通常在绝对零度时只有一个微观态，即 $\Omega_{T=0}=1$。在这种情况下，既有 $S(\Omega_{T=0})=0$，也有 $S(1)=0$，所以这两个约定合二为一。然而，如果系统在 $T=0$ 时是简并的，即 $\Omega_{T=0}>1$，就需要建立有用的模型。在这种情况下，具有简并基态的系统，其绝对熵 $S=k\ln\Omega$ 在热力学温度 T 趋于 0 的极限下就不会消失。

构　建　熵

尽管如此，许多教材还是断然将 $S=k\ln\Omega$ 称作为孤立系统的统计熵。毕竟，这个首先由普朗克提出的简洁方程，包含了许多物理学内涵。另外玻耳兹曼的墓碑上也出现了它的身影，这也进一步增加了它的魅力。但是，简单来说，$S=k\ln\Omega$ 只适用于完全量子化的系统，因为它是遵循热力学第三定律的。将 $S=k\ln\Omega$ 应用于经典系统，例如理想经典气体，就会产生悖论。

从第 2 章开始，我们的策略就是统计熵必须符合热力学第一定律和第二定律的，并根据期望的性质，例如与多重度 Ω 的依赖关系、可加性以及孤立子系统的独立性，来构建熵的形式。通过这种构建方式，我们获得了相对于由单个微观状态组成的宏观状态熵 $S(1)$ 和相对于任意相空间单元 H 的熵 $S=S(1)+k\ln\Omega$。

量子化条件要求用普朗克常量 h 来代替任意量 H。我们还发现，通过热力学第三定律可以消除熵中的常数 $c=S(1)$。综合这些进展，我们可以将经典热力学的相对熵转变成量子化的、服从热力学第三定律的系统的绝对熵。绝对熵 $S=k\ln\Omega$ 只适用于量子化模型。因为只有量子化模型才能在低温下保持准确，正因为如此，只有量子化模型才遵循热力学第三定律。

例题 4.2　肖特基缺陷

问题：一个由 n 个晶格格位组成的晶体，其中 N 个晶格格位被分子或离子填充，$(n-N)$ 个为空穴，求该晶体的熵 $S(E,n)$。假设晶体中占据晶格格位的 N 个粒子对系统能量没有贡献，而 $(n-N)$ 个晶格格位上的每个空穴都给系统增加了能量 ε。将熵 S 表示为温度 T 的函数，并判断该系统是否服从热力学第三定律。

解： 首先，我们来求与给定晶格格位数 n 和粒子数 N 相一致的绝对熵 $S = k\ln\Omega$。从 n 个中选择 $(n-N)$ 个空位所有可能的方法数满足二项式系数，即 "n 选择 $(n-N)$"

$$\Omega = \frac{n!}{(n-N)!N!}$$

其中，空位数 $(n-N)$ 与系统的能量 E 有关

$$E = (n-N)\varepsilon$$

因此，以 E 和 n 为变量的熵为

$$\frac{S(E,n)}{k} = n\ln n - (n-N)\ln(n-N) - N\ln N$$

$$= n\ln n - \left(\frac{E}{\varepsilon}\right)\ln\left(\frac{E}{\varepsilon}\right) - \left(n - \frac{E}{\varepsilon}\right)\ln\left(n - \frac{E}{\varepsilon}\right)$$

利用关系式 $1/T = (\partial S/\partial E)_n$，求得物态方程

$$E = \frac{n\varepsilon}{1 + e^{\varepsilon/kT}}$$

再利用该结果，将熵表达式中的能量 E 用温度 T 消除，于是得到

$$S(T) = nk\left[\ln\left(1 + e^{\varepsilon/kT}\right) - \frac{(\varepsilon/kT)\,e^{\varepsilon/kT}}{1 + e^{\varepsilon/kT}}\right]$$

最后我们可以看到，当 $T \to 0$ 时，$\varepsilon/kT \to \infty$，$S \to 0$。因此，这个系统服从热力学第三定律。

4.6 顺磁性

顺磁体由原子核、原子或分子磁偶极子组成，这些磁偶极子实质上是小磁铁，其偶极矩在外加磁场作用下趋向于与外磁场平行。在这里，我们考虑一种特别简单的顺磁体，它由固定在晶格上的自旋为 1/2 的磁偶极矩组成。量子力学要求这些自旋为 1/2 的磁偶极子的磁

偶极矩为 m_B，方向与外加磁场 B_0 要么平行，要么反平行。

与外磁场 B_0 平行时，每个磁偶极子都会使系统能量降低 $m_B B_0$。相反，与外磁场 B_0 反平行时，每个磁偶极子都会使系统能量增加 $m_B B_0$。如果 n_+ 是平行磁偶极子数，n_- 是反平行磁偶极子数，所有 N 个晶格位都由自旋为 1/2 的顺磁体所填充，则有

$$N = n_+ + n_- \tag{4.24}$$

以及

$$
\begin{aligned}
E &= (n_- - n_+) m_B B_0 \\
&= (N - 2n_+) m_B B_0
\end{aligned}
\tag{4.25}
$$

于是有

$$n_+ = \frac{N}{2} - \frac{E}{2m_B B_0} \tag{4.26a}$$

和

$$n_- = \frac{N}{2} + \frac{E}{2m_B B_0} \tag{4.26b}$$

如此，$E = 0$ 的宏观状态是平行和反平行的磁偶极子数目相同的状态。当能量接近其最小值 $E = -Nm_B B_0$ 时，大多数磁偶极子都与外磁场平行，也就是 $n_+ \approx N$，$n_- \approx 0$。当能量接近其最大值 $E = Nm_B B_0$ 时，大多数磁偶极子都与外磁场反平行，即，$n_+ \approx 0$，$n_- \approx N$。

熵

该系统的绝对熵 $S = k\ln\Omega$ 取决于从 N 个中选出 n_+ 个磁偶极子的选择方式，即 N 选择 n_+。所以

$$\Omega = \frac{N!}{n_+!(N-n_+)!} \tag{4.27}$$

于是

$$
\begin{aligned}
S &= k\ln\Omega \\
&= k\ln\left[\frac{N!}{n_+!(N-n_+)!}\right] \\
&= k[N\ln N - n_+\ln n_+ - (N-n_+)\ln(N-n_+)]
\end{aligned}
\tag{4.28}
$$

在这个方程的第二步中，我们假设 $N \gg 1$ 且 $(N-n_+) = n_- \gg 1$。根据式（4.26a）求得

$$\frac{S(E,N)}{k} = N\ln N - \left(\frac{N}{2} - \frac{E}{2m_B B_0}\right)\ln\left(\frac{N}{2} - \frac{E}{2m_B B_0}\right) - \left(\frac{N}{2} + \frac{E}{2m_B B_0}\right)\ln\left(\frac{N}{2} + \frac{E}{2m_B B_0}\right) \tag{4.29}$$

注意，根据式（4.29），有 $S(0,N) = kN\ln 2$。

能量状态方程

方程式（4.29）告诉了我们系统的熵 S 和其能量 E 之间的依赖关系。因此，通过 $1/T = (\partial S / \partial E)_{V,N}$，可以得到能量状态方程

$$\frac{1}{kT} = \left(\frac{1}{2m_B B_0}\right)\left\{\ln\left(\frac{N}{2} - \frac{E}{2m_B B_0}\right) + 1 - \ln\left(\frac{N}{2} + \frac{E}{2m_B B_0}\right) - 1\right\}$$
$$= \left(\frac{1}{2m_B B_0}\right)\ln\left[\frac{1 - E/(Nm_B B_0)}{1 + E/(Nm_B B_0)}\right] \tag{4.30}$$

计算其解 $E/(Nm_B B_0)$，得到

$$E = Nm_B B_0\left(\frac{1 - e^{2m_B B_0/kT}}{1 + e^{2m_B B_0/kT}}\right) \tag{4.31}$$

注意，当 $B_0 = 0$ 时，系统的能量 $E = 0$。此外，当温度趋近于 0，即 $T \to 0$ 时，能量趋近于它的最小值 $-Nm_B B_0$，此时所有磁偶极矩平行于外磁场。或者，在非常高的温度条件下，即 $2m_B B_0/kT \ll 1$，会使系统能量变为 0，$E = 0$，这可以有效地使系统退磁。

这个模型的数学原理，除了在能量零点上的一个不重要的偏移外，形式上与例题 4.2 所描述的含有肖特基缺陷的晶体完全相同，但物理意义截然不同。空穴的能量，即肖特基缺陷的能量，取决于缺陷周围的晶格被填充的程度。因此，例题 4.2 的分析仅适用于缺陷数相对于晶格数较小的情况。式（4.24）~式（4.31）给出的顺磁体模型则不是这样。这是因为每个磁偶极子的能量只取决于它的固有磁偶极矩和外磁场的强度。

4.7 负绝对温度

一个由自旋为 1/2 的磁偶极子组成的顺磁体，当外磁场的方向突然发生反转时，出现了一个有趣的现象。考虑一个平行数多于反平行数的顺磁体系统，即 $n_+ > n_-$，根据式（4.25），有 $E < 0$。当该系统被冷却时，就会自发出现这个有趣的现象。现在，假设外磁场 B_0 的方向突然发生反转，此时，反平行数多于平行数，即 $n_- > n_+$，则有 $E > 0$。这种反转被称为是磁偶极子的**布居数反转**。

一个布居数反转的磁偶极子系统位于参数空间的一个区域，在此区域内系统能量 E 的增加使得已经相对较大的反平行磁偶极子的数量 n_- 进一步增加，因此系统的熵 S 减少。回想一下，系统的熵 S 是如何依赖于其能量 E 的？通过 $1/T = (\partial S/\partial E)_{V,N}$，我们可以得到绝对温度。在此种情况下，因为 $(\partial S/\partial E)_{V,N} < 0$，所以该布居数反转的磁偶极子系统的绝对温度是负的。

图 4.4 和图 4.5 反映了这些结论。图 4.4 给出了标准化熵 S/kN 与式（4.28）中的平行磁偶极子的比例 n_+/N 之间的关系图，这里

$$\frac{S}{kN} = -\frac{n_+}{N}\ln\left(\frac{n_+}{N}\right) - \left(1 - \frac{n_+}{N}\right)\ln\left(1 - \frac{n_+}{N}\right) \qquad (4.32)$$

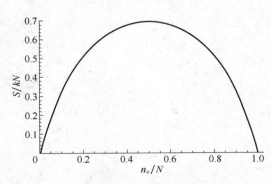

图 4.4 自旋为 1/2 的磁偶极子系统的标准化熵 S/kN 与平行的低能磁偶极子比例 n_+/N 之间的关系，如式（4.32）所示

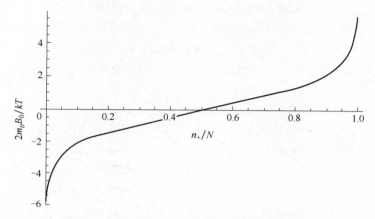

图 4.5　自旋为 1/2 的磁偶极子系统的标准化反转温度 $2m_BB_0/kT$ 与平行低能磁偶极子比例 n_+/N 之间的关系，如式（4.33）所示

在图 4.5 中，根据式（4.26a）和式（4.31），标准化反转温度 $2m_BB_0/kT$ 相对于 n_+/N 的关系为

$$\frac{2m_BB_0}{kT} = \ln\left(\frac{n_+}{N-n_+}\right) \tag{4.33}$$

通过反转外磁场的方向，可以有效地将自旋为 1/2 的磁偶极子系统在图 4.4 中从熵峰值的右侧移到左侧，图中熵峰值位于 $n_+/N = 1/2$，$S/kN = \ln2$ 处，也可以在图 4.5 中从右边移到左边。

实 验 实 现

爱德华·珀塞尔（1912—1997）和他的同事罗伯特·庞德（1919—2010）首次在磁偶极子系统中实现了布居数反转。他们选择的系统是氟化锂晶体中锂离子的核自旋，从定性角度，它们具有图 4.4 和图 4.5 所示的行为。首先，他们将晶体放置在一个磁场强度为 0.01T 的外磁场中，并使其与实验室环境处于热平衡状态。然后，他们反转外磁场，反转时间小于 1ms，在新的外磁场作用下，锂核之间很快地达到平衡。在与实验室环境再次平衡之前，原子核在这个不寻常的布居数反转平衡态上保持了几分钟时间。珀塞尔和庞德用与核自旋状态

间跃迁频率 $\nu = 2m_B B_0/h$ 相匹配的单色辐射，证明了该系统具有负温度。入射辐射是通过核的受激发射而不是吸收来增强的，这表明核自旋优先与外加磁场反平行——正如预期的那样，如果核自旋系统有负温度，则核自旋优先与外加磁场反平行。这些美妙的实验最早开始于1950年，现在已经成为常规实验。

负温度可以在由下列子系统组成的任意系统中实现，这些子系统应该满足：（1）具有有限个能级；（2）相对较快地达到自身平衡；（3）与环境的平衡相对较慢。例如，构成激光和脉冲中的活跃介质的分子可以实现这三个条件。这种所谓的"反常系统"似乎很奇特，但并没有违反任何热力学定律。然而，大多数系统都是"正常"的，因为它们的熵 S 随其能量 E 单调增加，因此具有正温度。

习 题 4

4.1 简谐振子的熵

本题的目的是指导人们以能量 E 和粒子数 N 为变量，高效地推导出式（4.12）所描述的 N 个一维简谐振子系统的熵 S。从式（4.8）和式（4.11）出发：

（a）以无量纲的量 $x = E/Nh\nu_0$ 给出 $h\nu_0/kT$ 和 Z_1 的表达式；

（b）根据这些结果以及关系式 $S(E,V) = c(N) + k(\beta E + N\ln Z_1)$ 求得式（4.12）描述的熵函数 $S(E,N)$。

4.2 氮 分 子

双原子分子或二聚体（如 N_2 和 O_2）可以看作简单的谐振子模型，谐振子的特征振荡频率为 ν_0，能级为 $\varepsilon_n = h\nu_0\left(n + \dfrac{1}{2}\right)$，其中 $n = 0,1,2,\cdots$ 例如，氮分子可以表示为 $h\nu_0 = 0.3\text{eV}$。请问室温（300K）下，处于第一激发态（$n=1$）上的 N_2 比例是多少？给定 $k(300\text{K}) = \dfrac{1}{40}\text{eV}$。

4.3 对 应 原 理

爱因斯坦固体是一个三维量子化的简谐振子系统，通过以下两种方式说明对应原理：

（a）在半经典极限下，系统能量式（4.10）退化为 $3NkT$；

（b）在半经典极限下，系统熵式（4.10）退化为 $3Nk[1+\ln(E/3Nh\nu_0)]$。

4.4　双能级系统

一个系统由 N 个可分辨的独立粒子组成，每个粒子只能以两种状态存在：一个能量为 0，另一个能量为 ε。求：

（a）单粒子配分函数 Z_1；

（b）能量 E；

（c）热容 $C=dE/dT$；

（d）在区间从 0 到 3 内绘制无量纲量 C/kN 与 ε/kT 的关系图，并解释该结果。

4.5　熵的最大值

（a）根据式（4.32），证明一个自旋为 1/2 的磁偶极子系统，当其平行于外磁场的比例 n_+/N 满足 $n_+/N=1/2$ 条件时，熵函数 $S(n_+)$ 具有最大值；

（b）证明：该系统的最大熵为 $S=Nk\ln2$。

4.6　热力学第三定律极限

证明：自旋为 1/2 的顺磁质系统服从热力学第三定律。

4.7　化　学　势

如果一个系统的熵是以三个广延量 E、V 和 N 为变量的函数 $S(E, V, N)$，则意味着存在三个物态方程。我们已经得到了能量物态方程 $1/T=(\partial S/\partial E)_{V,N}$ 和压强物态方程 $p/T=(\partial S/\partial V)_{E,N}$，但是还没有得到包含化学势 μ 的物态方程，即 $\mu/T=-(\partial S/\partial N)_{E,V}$。化学势 μ 是每个粒子在体积和熵不变的情况下所增加的能量，即 $\mu=(\partial E/\partial N)_{S,V}$。根据式（4.2）给出的萨克-特多鲁特熵，推导出系统的化学势物态方程。

4.8　顺磁取向频率

一个晶体在其每个晶格格位处都包含有自旋为 1/2 的顺磁体。

（a）给出平行顺磁方向的出现率 n_+/N 和反平行顺磁方向的出现率 n_-/N 的表达式；（在本题和第 4.9 题中可以方便地使用定义 $x=$

$2m_B B_0/kT)$

（b）利用这些表达式计算 $T \rightarrow \infty$ 和 $T \rightarrow 0$ 极限条件下平行取向出现率和反平行取向出现率；

（c）给定自旋为 $1/2$ 的磁偶极子的磁矩 $m_B = eh/4\pi m_e = 9.27 \times 10^{-24}\mathrm{J/T}$，在外磁场 $B_0 = 0.01\mathrm{T}$ 作用下，当温度为多少时，有 75% 的顺磁体与外磁场对齐？

4.9 顺磁体的热容

（a）由 N 个自旋为 $1/2$、磁矩为 m_B 的偶极子组成的顺磁体处于外加磁场中，求热容 $C = dE/dT$；

（b）在 $T \rightarrow +\infty$、$T \rightarrow -\infty$ 和 $T \rightarrow 0$ 三个极限条件下，热容 C 分别是多少？

4.10 居里定律

顺磁体系统的总磁化强度 M 是单个磁偶极矩之和。如果顺磁体是自旋为 $1/2$ 的偶极子，则 $M = (n_+ - n_-)m_B$。

（a）以 N、B_0、m_B 和 T 为变量，给出 M 的表达式；

（b）证明：当 $2m_B B_0/kT \ll 1$ 时，磁化强度 $M \propto T^{-1}$ 且有关系式 $M = cB_0/T$，此关系式被称之为居里定律。

（c）求居里定律中的常数 c。

第 5 章
非孤立系统的熵

5.1 超越基本假设

根据基本假设可知，**孤立系统所有可能的微观状态都是等概率的**。虽然基本假设功能强大，但它并不能直接应用于非孤立系统。例如，一个十分常见的非孤立系统就是与周围环境处于热平衡的系统。当一个系统不再孤立时，我们就没有理由认为它的微观状态是等概率的。如果系统的微观状态不是等概率的，那么熵将不再与多重度的对数成正比。事实上，我们以前就考虑过这样一个系统：当气体温度为 T 时，气体中的单个粒子与气体内其他粒子处于热平衡。根据麦克斯韦-玻耳兹曼分布，该粒子占据能量为 ε_i 的微观态 i 的概率为 $e^{-\varepsilon_i/kT}/Z_1$，显然占据具有不同能量的不同微观状态的概率是不同的。在本节中，我们将描述一个其微观状态并不是等概率的任意复杂系统的熵，并给出麦克斯韦-玻耳兹曼分布的更普遍的推导过程。

系　综

我们假设，一个系统可以有 N 个相互独立的副本，我们将它们组成一个集合。在这个集合中，每一个系统在结构上都是完全相同的，但是其概率不同。设 $n_j(j=1,2,\cdots)$ 为占据第 j 个微观状态的系统的数目，则其频率为

$$\frac{n_j}{N}=P_j \tag{5.1}$$

它反映了系统占据第 j 个微观状态的概率 P_j。当然，n_i 和 P_i 都要满足约束条件

$$N = \sum_j n_j \tag{5.2}$$

$$1 = \sum_j P_j \tag{5.3}$$

这些虚构的副本的集合称为一个**系综**，此概念的由来要归功于吉布斯（1839—1903）。它的基本单元是一组微观状态的概率 P_1、P_2……

5.2 吉布斯熵公式

图 5.1 展示了几个相同系统的系综中的成员。每一个系统都占据了一个微观状态，并以带有实心圆的水平线表示。图中的系统最有可能出现的就是中间的两个微观状态。由于一个系综中的所有系统都是我们虚构的，所以我们可以给它们加上标签或排序，从而使它们彼此区别开来。因此，我们可以将可分辨对象的统计方法应用到系综上。

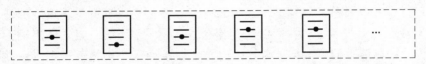

图 5.1 相同系统的系综。每个系统都占据一个微观状态，在图中以带有实心圆的水平线表示。由于系统占据微观状态的频率反映了一组可能性，所以图中中间的两个微观状态最有可能出现

现在考虑 N 个可分辨的系统，它们以组成一个单复合系统的方式来组成系综。对于这个由 N 个子系统组成的复合系统，其宏观状态的熵是一个关于占有数 $n_1, n_2, \cdots$ 的函数 $S(n_1, n_2, \cdots)$。这些占有数就决定了该复合系统的宏观状态，即占有数宏观状态，也就是系综。由于组成系综的系统是可分辨的，所以在这 N 个子系统中，n_1 个子系统占据微观状态 1，n_2 个子系统占据微观状态 2，以此类推，组成这种排布的方式共有 $N!/(n_1!n_2!\cdots)$ 种，每一种都是一个可区分的微观状态。

由于构建的系综本身是孤立的，所以每一个不同的微观状态都是等概率的。因此，这个系综宏观状态的熵可以表示为

$$S(n_1, n_2, \cdots, n_\Omega) - S(0, 0, \cdots, N, \cdots, 0)$$

$$= k\ln\left(\frac{N!}{n_1! \, n_2! \cdots}\right)$$

$$= k\left(N\ln N - \sum_j n_j \ln n_j\right)$$

$$= k\left(\sum_j n_j \ln N - \sum_j n_j \ln n_j\right) \tag{5.4}$$

$$= -k \sum_j n_j \ln \frac{n_j}{N}$$

$$= -kN \sum_j \frac{n_j}{N} \ln \frac{n_j}{N}$$

$$= -kN \sum_j P_j \ln P_j$$

我们在最后一步使用了 $n_j/N = P_j$。熵 $S(0, 0, \cdots, N, \cdots, 0)$ 就是仅有单个微观状态的宏观状态的熵，即 N 个子系统中每个子系统都处于相同的微观状态的宏观状态。如果我们让熵 $S(n_1, n_2, \cdots, n_\Omega)$ 服从热力学第三定律，那么

$$S(0, 0, \cdots, N, \cdots, 0) = 0 \tag{5.5}$$

此外，根据熵的相加性，更准确地说是广延性以及关系式 $n_j = P_j N$，可得

$$S(n_1, n_2, \cdots, n_\Omega) = S(P_1 N, P_2 N, \cdots, P_\Omega N) \tag{5.6}$$
$$= NS(P_1, P_2, \cdots, P_\Omega)$$

式中，$S(n_1, n_2, \cdots)$ 为系综的熵，$S(P_1, P_2, \cdots)$ 为相同子系统中单个子系统的熵。将式（5.5）和式（5.6）代入式（5.4），得到系统绝对熵的表达式

$$S(P_1, P_2, \cdots, P_\Omega) = -k \sum_{j=1}^{\Omega} P_j \ln P_j \tag{5.7}$$

在该系统中，每一个微观状态可能出现的概率都不相等，分别为 P_1，$P_2, \cdots, P_\Omega$。这个结果，有时也被称为**吉布斯熵公式**。当 $P_1 = P_2 = \cdots = P_\Omega = 1/\Omega$，该公式将退化为 $S = k\ln\Omega$。

随 机 变 量

根据 $S=-k\sum_j P_j\ln P_j$，非孤立系统的动力学变量必须是**随机变量**，这是因为系统根据一组概率 P_j 来确定其微观状态。特别地，非孤立系统的能量也是一个随机变量，因为它也是根据一组概率 $P_1,P_2,\cdots$ 来确定一组能量值 $E_1,E_2,\cdots$。到目前为止，我们只考虑了具有确定能量的孤立系统。从所谓的**确定变量**描述的系统到随机变量描述的系统的转变是非常有意义的。

随机变量的平均值通常称为**期望值**。例如，一个非孤立系统的能量期望值为 $\langle E\rangle$，当系统以概率 P_j 实现其微观状态能量 E_j 时，该能量的期望值为

$$\langle E\rangle=\sum_j P_j E_j \tag{5.8}$$

同样，压强也是一个随机变量，假设 $p_j=-\partial E_j/\partial V$ 的概率为 P_j，则有

$$\langle p\rangle=\sum_j P_j p_j=-\sum_j P_j(\partial E_j/\partial V) \tag{5.9}$$

期望值是热力学系统的可观测值。当系统是孤立系统时，期望值 $\langle E\rangle$ 和 $\langle p\rangle$ 退化为确定变量。对于一些广泛使用统计力学的著作，通常不再对期望值进行特殊标记，而是简单地用缩写 $\langle E\rangle$ 和 $\langle p\rangle$ 来标记。熵 $S(P_1,P_2,\cdots,P_\Omega)=-k\sum_j P_j\ln P_j$ 本身既不是一个随机变量也不是一个期望值，而是一个关于微观状态概率的函数。

命 名 由 来

最后，我们注意到**玻耳兹曼熵** $S=k\ln\Omega$ 和**吉布斯熵公式** $S=-k\sum_j P_j\ln P_j$ 这两个名称在历史上具有误导性。由于复杂的历史原因，但应该可以这样说，玻耳兹曼发现了吉布斯熵公式的连续形式，而普朗克引入了玻耳兹曼熵。这段历史不禁让人想起**施蒂格勒命名定律：没有任何科学发现是以最初的发现者的名字命名的。**

5.3　正则系综

正则系综是一个由概率 $P_1, P_2, \cdots$ 定义的系综，它描述了温度 T 下与环境处于热平衡的系统的各个微观状态。在归一化条件式（5.3）以及给定期望值 $\langle E \rangle = \sum_j E_j P_j$ 下，这些概率使吉布斯熵 $S = -k \sum_j P_j \ln P_j$ 最大化。对约束熵进行最大化

$$-\sum_j P_j \ln P_j + \alpha \left(1 - \sum_j P_j \right) + \beta \left(\langle E \rangle - \sum_j P_j E_j \right) \tag{5.10}$$

得到

$$-\ln P_i - 1 - \alpha - \beta E_i = 0 \tag{5.11}$$

它的解是一个概率分布

$$P_i = e^{-(1+\alpha)} e^{-\beta E_i} \tag{5.12}$$

由于式（5.10）关于微观态概率 P_i 的二阶导数是负的，所以式（5.12）确定了一个相对最大值，而不仅是一个约束信息缺失的平稳值。

一般来说，拉格朗日乘子 α 和 β 可以通过概率分布式（5.12）和两个约束条件式（5.3）和式（5.8）来确定。概率分布式（5.12）必须满足归一化条件式（5.3），因此可以得到

$$e^{-(1+\alpha)} = \frac{1}{\sum_i e^{-\beta E_i}} \tag{5.13}$$

$$= \frac{1}{Z}$$

其中，系统的配分函数

$$Z = \sum_i e^{-\beta E_i} \tag{5.14}$$

是系统所有微观状态的总和。因此，系统的配分函数 Z 推广了第 3 章和第 4 章中的单粒子配分函数 Z_1。利用式（5.13），配分函数式（5.12）变为

$$P_i = \frac{e^{-\beta E_i}}{\sum_j e^{-\beta E_j}} \tag{5.15}$$

$$= \frac{e^{-\beta E_i}}{Z}$$

能量约束式（5.8）等价于

$$\langle E \rangle = -\frac{\partial \ln Z}{\partial \beta} \tag{5.16}$$

结合概率分布式（5.15）和吉布斯熵公式 $S = -\sum\limits_{j} P_j \ln P_j$，可得

$$S = k(\beta \langle E \rangle + \ln Z) \tag{5.17}$$

根据偏导数 $(\partial S / \partial \langle E \rangle) = 1/T$ 公式，得到结果

$$\frac{1}{kT} = \beta + \left(\langle E \rangle + \frac{\partial \ln Z}{\partial \beta} \right) \left(\frac{\partial \beta}{\partial \langle E \rangle} \right) \tag{5.18}$$

$$= \beta$$

利用该结果，可以将概率分布式（5.15）转化为所谓的**玻耳兹曼分布**

$$P_i = \frac{e^{-E_i/kT}}{Z} \tag{5.19}$$

这里 $Z = \sum\limits_{j} e^{-\beta E_j}$ 和 $\beta = 1/kT$。

　　玻耳兹曼分布式（5.19）的推导与第 3.4 节中单粒子麦克斯韦-玻耳兹曼分布的推导在形式上完全相同，但适用范围更广。式（5.19）中的微观状态的能量 E_j 适用于任何系统，无论系统是复杂的还是简单的。配分函数式（5.14）中的和是其所有微观状态的和。如果首先确定了配分函数 $Z = \sum\limits_{j} e^{-\beta E_j}$，那么就可以接着确定能量物态方程 $\langle E \rangle = -\partial \ln Z / \partial \beta$，熵 $S = k(\beta \langle E \rangle + \ln Z)$ 以及玻耳兹曼分布 $P_j = e^{-\beta E_j}/Z$，这里 $\beta = 1/kT$。配分函数是一种灵活而直接的统计力学方法，它避免了很多乘法运算和组合公式运算。

5.4　配分函数

　　我们在本书中考虑的系统是由全同粒子组成的，这些粒子独立地占据它们的单粒子微观状态且不受系统范围的约束。在这种情况下，处于微观状态 h 的特定系统的能量 E_h，就是该微观态中组成系统的 N 个粒子能量 $\varepsilon_{1,i}, \varepsilon_{2,j}, \cdots, \varepsilon_{N,k}$ 的简单求和

$$E_h = \varepsilon_{1,i} + \varepsilon_{2,j} + \cdots + \varepsilon_{N,k} \tag{5.20}$$

以下标 2，k 为例，它表示处于第 k 个单粒子微观状态的第 2 粒子的能量 $\varepsilon_{2,k}$。下标 $i,j,\cdots,k$ 共同决定了系统的微观状态 h。于是系统的配分函数表示为

$$
\begin{aligned}
Z &= \sum_h e^{-\beta E_h} \\
&= \sum_h e^{-\beta \varepsilon_{1,i} - \beta \varepsilon_{2,j} - \cdots - \beta \varepsilon_{N,k}} \\
&= \sum_{i,j,\cdots,k} e^{-\beta \varepsilon_{1,i}} e^{-\beta \varepsilon_{2,j}} \cdots e^{-\beta \varepsilon_{N,k}}
\end{aligned}
\tag{5.21}
$$

这里的求和是对 N 个单粒子的所有值求和。这些粒子由 $i,j,\cdots,k$ 标记，它们决定了确定系统的微观状态。

除了独立性之外，当组成系统的相同粒子彼此之间可以分辨时，一个粒子的任意一种单粒子微观状态，与其他所有粒子的任意一种单粒子微观状态，共同组成了 N 粒子系统的一个微观状态。进一步分解配分函数式（5.21）中的求和：

$$
\begin{aligned}
Z &= \sum_{i,j,\cdots,k} e^{-\beta \varepsilon_{1,i}} e^{-\beta \varepsilon_{2,j}} \cdots e^{-\beta \varepsilon_{N,k}} \\
&= \sum_i \sum_j \cdots \sum_k e^{-\beta \varepsilon_i} e^{-\beta \varepsilon_j} \cdots e^{-\beta \varepsilon_k} \\
&= \sum_i e^{-\beta \varepsilon_i} \sum_j e^{-\beta \varepsilon_j} \cdots \sum_k e^{-\beta \varepsilon_k} \\
&= \left(\sum_i e^{-\beta \varepsilon_i} \right)^N \\
&= Z_1^N
\end{aligned}
\tag{5.22}
$$

基于此结果，把那些包含了配分函数法的方程应用于一个复杂系统，则式（5.14）、式（5.16）、式（5.17）和式（5.19）将会重现和第 3.4 节中通过单粒子配分函数推导出的方程组类似的方程组。

如果系统的所有微观状态都是简并的，即所有微观状态都具有相同的能量 E，在此特殊情况下，方程组式（5.14）、式（5.16）、式（5.17）和式（5.19）也可以退化到我们所熟知的结果。此时

$$
\begin{aligned}
Z &= \sum_j e^{-\beta E_i} \\
&= \Omega e^{-\beta E}
\end{aligned}
\tag{5.23}
$$

其中 Ω 是能量为 E 的系统微观状态数。由此产生的熵

$$
\begin{aligned}
S &= k(\beta E + \ln Z) \\
&= k(\beta E + \ln \Omega - \beta E) \\
&= k \ln \Omega
\end{aligned}
\tag{5.24}
$$

正如所料，这是孤立系统的熵，或者说，这是所谓的**微正则系综**中系统的特性。

在本书中，我们不再进一步深入探讨统计力学中的随机变量。但是相关问题可以参阅习题 5.1 和习题 5.2 以及第 8 章中的第 4 节和第 7 节。

5.5 熵隐喻

玻耳兹曼熵公式（5.24）和吉布斯熵公式（5.7）正式回答了问题"熵是什么?"但它们也提出用恰当的隐喻来概括熵概念中的内涵。例如，玻耳兹曼熵 $S = k \ln \Omega$ 表明，熵是**相空间中的传播**。对于一个宏观状态是由许多个微观状态组成的孤立系统，也就是说，$\Omega \gg 1$，其相应的相空间被按一定概率约束在一个较大空间内，而对于仅有一个微观状态的孤立系统，即 $\Omega = 1$，其相空间被约束在尽可能小的空间内。

根据吉布斯公式，熵是关于系统占据其可能微观状态的概率的函数。当微观态概率相等时，即当 $P_1 = P_2 \cdots$ 时，该函数最大；而当一个微观状态被完全确定时，即 $P_1 = 1$ 且 $P_2 = P_3 = \cdots = 0$ 时，该函数最小。因此，如果一个事件所有可能的结果都是等概率的，则该事件具有最大的不确定度。如果一个事件仅剩下一个可能的结果而其他结果的概率为零，则它具有最小的不确定度。在这个意义上，吉布斯熵 $S = -k \sum_j P_j \ln P_j$ 是对系统微观状态不确定性的度量。因此，**不确定度**也传达了熵的含义。

习 题 5

5.1 肖特基缺陷的正则系综

在例题 4.2 中，将一个格点看作一个系统，它与晶体阵列中的其

他格点处于热平衡，且温度为 T。如果格点当被原子或分子所占据，则其能量 $E_0 = 0$，而当格点为空穴时，其能量为 $E_1 = \varepsilon$。

（a）格点被占据的概率 P_0 和未被占据的概率 P_1 分别是多少？

（b）利用这些概率来确定一个单格点系统的熵 $S_1 = -k \sum_i p_i \ln p_i$；

（c）证明：一个 N 格点系统的熵为 $S = NS_1$，它跟例题 4.2 中 N 个格点中含有 n 肖特基缺陷的晶体系统的熵 S 一致。

5.2　吉布斯熵公式

考虑一个在温度 T 下与环境处于平衡状态的系统，该系统占据微观状态 i 的概率为 $P_i = e^{-\beta E_i}/Z$，这里 E_i 是系统处于微观状态 i 时的能量，配分函数为 $Z = \sum_i e^{-\beta E_i}$。根据此结果和吉布斯熵公式，利用式（5.17）求出该系统的熵 S，并利用式（5.16）求出以系统配分函数 Z 和因子 $\beta = 1/kT$ 描述的能量期望值 $\langle E \rangle = \sum_i P_i E_i$。

第 6 章

费米系统的熵

6

6.1 对称性和波函数

经典观点和量子观点的一个重要区别在于它们对可分辨的判断标准不同。全同粒子在经典观点中被认为是可以分辨的，是因为它们在相空间中处于不同的位置。与之相反，全同粒子在量子观点中总是不可分辨的。但是这些概念和区别并没有告诉我们如何去统计一个量子化系统的微观状态数并确定其多重度。

实际上，对于由不可分辨的全同粒子组成的量子系统，有两种不同的方法来统计其微观状态数。这两种方法在 1924—1926 年被人们所发现，尽管独立于 1926 年薛定谔（1887—1961）发明的波动力学，但是它们最令人信服的解释却是依据粒子的波函数。以下两段内容将可能有助于大家熟悉波动力学的基本特征。

正如所预料的，一个由全同粒子组成的系统，其概率密度在粒子交换下是对称的，也就是说，交换两个粒子的位置，其概率密度不变。但在这里，波动力学让经典物理学家们大吃一惊。在粒子交换后，体系的波函数既可以保持符号不变，也可以改变符号。特别地，体系的波函数在粒子交换后可以是对称的，也可以是反对称的。

因此，全同粒子有且只有两种：由对称波函数描述的**玻色子**（例如，声子、光子和氦-4 原子）和由反对称波函数描述的**费米子**（例如，电子、质子、中子和氦-3 原子）。玻色子和费米子的不同对称性以及波函数叠加造成的一个结果就是，当两个玻色子处于同一个单粒子微观状态时，玻色系统的概率密度不为零；而当两个费米子处于同一个单粒子微观状态时，费米系统的概率密度为零。因此，我们说全同粒子有两种：一种是可以占据同一个单粒子微观状态的粒子（玻色子），另一种则不能（费米子）。

自旋统计定理和泡利原理

基于波动力学的这些特征，泡利（1900—1958）在 1940 年发现了**自旋统计定理**。根据自旋统计定理，所有自旋为偶数个单位的粒子都是玻色子，所有自旋为奇数个单位的粒子都是费米子。自旋具有固有角动量。自旋单位是约化普朗克常量 $\hbar = h/2\pi$。因此，半整数自旋的一个单位是 $\hbar/2$。1924 年，泡利提出原子中的电子不能占据相同的单粒子微观状态的规则，即所谓的**泡利原理**。当时，人们并没有意识到这种行为是一大类粒子的特征。这类粒子我们现在称之为费米子。

总结一下：对于量子系统的统计力学来说，唯一重要的区别就是玻色子和费米子之间的区别，玻色子可以占据相同的单粒子微观状态，而费米子则不能。玻色子服从以两人名字命名的玻色-爱因斯坦统计。1924 年纳特·玻色（1894—1974）和阿尔伯特·爱因斯坦，各自独立地发现（玻色）和应用（玻色和爱因斯坦）了这种统计不同微观状态的方法。费米子服从以两人名字命名的费米-狄拉克统计。1926 年，恩利克·费米（1901—1954）和 P. A. M·狄拉克（1902—1984）各自独立地发现并应用了这种统计不同微观状态的方法。在前一章中，我们已经研究了玻色系统（声子），并将在下一章中继续研究（光子和静止质量不为零的玻色子）。这里我们研究费米系统中的统计力学。

6.2　本征半导体

凝聚态物质中的电子所有可能的单粒子微观状态只有两种：束缚

态（价带态）和导带态。因为电子是费米子，一次最多只能有一个电子占据单粒子微观状态的一个价带态或者导带态。通常，价带态的能量聚集在一起，导带态的能量也聚集在一起，而一个高达几个电子伏的**带隙**将这两组的单粒子微观态能量带分开。带隙的精确尺寸决定了材料的导电性。对于绝缘体，带隙相对较大；对于半导体，带隙相对较小；对于导体，不存在带隙。

最常见的固态半导体材料是晶体硅。**本征半导体**是一种没有缺陷或杂质的晶体。当晶格振动激发价电子进入本征半导体的导带时，价带内的**空位**或**空穴**以及新形成的导电电子在外加电场的作用下均可自由运动。空穴和电子对本征半导体的导电性的贡献是相等的。

图 6.1 给出了我们所考虑的简化模型。单粒子微观状态的价带和导带的数目相等，同样空穴和导电子的数目也相等。在本例中，单粒子微观状态的价带和导带都是简并的，并且每一个带上只有一个能级。在更完整的模型中，价带和导带应该是由密集的非简并能级组成的。这个模型虽然忽略了其他特性，但它抓住了本征半导体的一个重要特性——带隙能量。

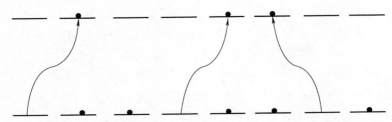

图 6.1　单粒子微观状态的 8 个价带微观状态和 8 个导带微观状态。
3 个电子从价带被激发到导带

熵

价带中空穴的排列和导带中电子的排列都对本征半导体的多重度有贡献。假设半导体有 N 个电子，N 个价带单粒子微观状态和 N 个导带单粒子微观状态。在这 N 个电子中，有 n 个电子占据了导带，因为电子数目是守恒的，所以剩下的（$N-n$）个电子占据了价带。此外假设两个能带之间的带隙能量为 ε。

因为电子是费米子，所以每个单粒子微观状态只能由一个电子所占据。当 n 个电子从价带被激发到导带时，这 N 个价带单粒子微观状态被分为两组：一组是 n 个有空穴的微观状态，另一组是 $(N-n)$ 个被电子占据的微观状态。因此，二项式系数 $N!/[n!(N-n)!]$ 给出了等概率价带子系统的所有可能的排列数。类似地，N 个导带微观状态也正好被对立地分为两组：n 个被电子占据的状态和 $(N-n)$ 个被空穴占据的状态。因此，等概率导带子系统所有可能的排列数也是 $N!/[n!(N-n)!]$。由于每个价带子系统的排列可以与每个导带子系统的排列配对形成一个单一的系统微观状态，所以本征半导体系统的多重度为

$$\Omega = \left[\frac{N!}{n!(N-n)!}\right]^2 \qquad (6.1)$$

因此它的熵为

$$\begin{aligned}
S(n,N) &= k\ln\left[\frac{N!}{n!(N-n)!}\right]^2 \\
&= 2k[N\ln N - n\ln n - (N-n)\ln(N-n)] \qquad (6.2) \\
&= 2kN\left[-\left(\frac{n}{N}\right)\ln\left(\frac{n}{N}\right) - \left(1-\frac{n}{N}\right)\ln\left(1-\frac{n}{N}\right)\right]
\end{aligned}$$

这里假设 $N-n \gg 1$ 和 $n \gg 1$。

去掉无关紧要的常数后，系统的能量为

$$E = n\varepsilon \qquad (6.3)$$

其中 ε 是能带能量，当然，n 是导带电子的数量。以系统能量 E 为变量，本征半导体的熵函数由下式给出

$$S(E,N) = 2kN\left[-\left(\frac{E}{N\varepsilon}\right)\ln\left(\frac{E}{N\varepsilon}\right) - \left(1-\frac{E}{N\varepsilon}\right)\ln\left(1-\frac{E}{N\varepsilon}\right)\right] \qquad (6.4)$$

能量物态方程

现在从式（6.4）出发导出能量物态方程，根据关系式 $1/T = (\partial S/\partial E)_N$，得到

$$\frac{1}{kT} = 2N\left[-\left(\frac{1}{N\varepsilon}\right)\ln\left(\frac{E}{N\varepsilon}\right) - \left(\frac{1}{N\varepsilon}\right) + \left(\frac{1}{N\varepsilon}\right)\ln\left(1-\frac{E}{N\varepsilon}\right) + \left(\frac{1}{N\varepsilon}\right)\right]$$

$$= \frac{2}{\varepsilon}\left[-\ln\left(\frac{E}{N\varepsilon}\right) + \ln\left(1-\frac{E}{N\varepsilon}\right)\right] \tag{6.5}$$

$$= \frac{2}{\varepsilon}\ln\left(\frac{N\varepsilon}{E} - 1\right)$$

求解方程式（6.5），得到能量物态方程

$$E = \frac{N\varepsilon}{1+e^{\varepsilon/2kT}} \tag{6.6}$$

根据式（6.3）和式（6.6），即可求得占据导带单粒子微观状态的频率

$$\frac{n}{N} = \frac{1}{1+e^{\varepsilon/2kT}} \tag{6.7}$$

正如所料，在绝对温度极小的极限情况下，导带电子的出现率会消失，也就是说，当 $\varepsilon/2kT \to \infty$ 时，$n/N \to 0$。在绝对温度无穷大的极限条件下，电子在价带和导带之间平分，即当 $\varepsilon/2kT \to 0$ 时，$n/N \to 1/2$。

典型的半导体带隙能只有几电子伏（$1\text{eV} = 1.60 \times 10^{-19}\text{J}$）。例如，当带隙能 $\varepsilon = 2\text{eV}$，室温下（$T = 300\text{K}$，$kT = 0.026\text{eV}$）导带单粒子微观状态被占据的频率 n/N 为

$$\frac{n}{N} = \frac{1}{1+e^{1/0.026}}$$

$$= \frac{1}{1+e^{38.5}} \tag{6.8}$$

$$= 1.9 \times 10^{-17}$$

因此，在室温下，只有非常小的一部分电子及其空穴对本征半导体的导电性有贡献。因为带隙能量 ε 和绝对温度 T 出现在表达式（6.7）中的指数参数上，所以占据导带单粒子微观态的频率 n/N 对 ε 和 T 的微小变化非常敏感。

6.3　理想费米气体

我们在第 3 章中用了两种不同的方法来推导理想气体的熵，并通过熵确定了理想气体的物态方程。（1）直接法，即在能量为 E、体积为 V 的宏观条件下，直接计算 N 粒子气体的所有可能的微观状态数；（2）占有数法，即在保持 N 和 E 不变的情况下，使组成单粒子相空间的单元格中的粒子分布方式数目达到最大。在第 3 章中应用的这两种方法，都共同使用了至少两个经典假设：（1）全同粒子被认为是可分辨的；（2）熵的表达式为 $S=c+k\ln\Omega$，其中"常数" c 用来确保熵 $S(E,V,N)$ 是其参量的广延函数。通过这些方法可以得到广延熵以及常见的经典理想气体的物态方程。

现在我们从量子的角度来重新审视理想气体。具体通过以下四个方面来实现：（1）用普朗克常数 h 量子化相空间；（2）放弃经典假设，认为全同粒子是不可分辨的；（3）采用服从热力学第三定律的绝对熵 $S=k\ln\Omega$；（4）在本章中假设全同粒子是费米子，而在下一章中假设它们是玻色子。根据这些假设，我们将发现理想费米气体和理想玻色气体的熵都是广延函数 $S(E,V,N)$，且在一定的极限条件下，它可以在保留基本量子特征的同时再现理想经典气体的萨克-特多鲁特熵。

因为没有考虑粒子之间的相互作用力，所以所讨论的对象还是理想气体：本章中是理想费米气体，下一章中是理想玻色气体。此外，假设每个气体粒子的能量均为气体系统的平均能量 E/N，以此来简化我们的研究。这种在**平均能量近似**条件下产生的结果，虽然不太准确，但还是能够正确描述理想费米气体和理想玻色气体的重要特征。

可分辨粒子的多重度

首先回顾一下我们前面所介绍内容。由方程式（3.15）可知，理想气体是由 N 个可分辨粒子组成的，在体积 V 和能量 E 的条件下，其

多重度 Ω 为

$$\Omega(E,V,N) = \left[V \left(\frac{E}{N} \right)^{\frac{3}{2}} \left(\frac{4\pi em}{3h^2} \right)^{\frac{3}{2}} \right]^N \qquad (6.9)$$

这里，符号 e 表示自然对数的底数。式（6.9）右侧括号中的因子可以表示为

$$\Omega(E/N,V,1) = V \left(\frac{E}{N} \right)^{3/2} \left(\frac{4\pi em}{3h^2} \right)^{3/2} \qquad (6.10)$$

代入方程式（6.9）得

$$\Omega(E,V,N) = \left[\Omega(E/N,V,1) \right]^N \qquad (6.11)$$

如果 $\Omega(E,V,N)$ 是能量为 E、体积为 V 的 N 个可分辨粒子理想气体的多重度，则 $\Omega \left(\frac{E}{N},V,1 \right)$ 必然是一个能量为 E/N，体积为 V 的单粒子理想气体的多重度，其中该单粒子是组成大系统的 N 个粒子中的其中一个。根据这一解释，理想气体中的单个粒子可以占据 $\Omega \left(\frac{E}{N},V,1 \right)$ 个等概率微观状态，理想气体中的两个可分辨粒子可以占据 $\left[\Omega \left(\frac{E}{N},V,1 \right) \right]^2$ 个等概率微观状态，以此类推，直到理想气体中的 N 个粒子可以占据 $\left[\Omega \left(\frac{E}{N},V,1 \right) \right]^N$ 个等概率微观状态。

理想费米气体的多重度

能量为 E/N 的理想气体中的单粒子，其多重度 $\Omega \left(\frac{E}{N},V,1 \right)$ 同样也是该粒子在相空间中占据的单元格数。此外，**无论是粒子本身之间可分辨，还是与系统的其他粒子不可分辨，如果不可分辨，无论是费米子还是玻色子，这些都必须跟理想气体中的单粒子所能占据的单元格数无关。**这一重要见解使我们能够按照以下方式进行。

首先，我们建立以下符号。令 n 代表能量为 E/N 的理想气体中的单粒子所能占据的单元格数，即

$$n = \Omega\left(\frac{E}{N}, V, 1\right)$$

$$= V\left(\frac{E}{N}\right)^{3/2}\left(\frac{4\pi em}{3h^2}\right)^{3/2} \tag{6.12}$$

在式（6.12）中，我们使用了式（6.10）。其次，我们计算将 N 个费米子填充到 n 个单元格而令 $(n-N)$ 个单元格为空的所有可能的方式数。

将 N 个费米子填充到 n 个单元格的问题已经在第 6.2 节中得以解决和利用，尽管符号 n 和 N 的含义不同。作为一个例子，考虑用 2 个费米子填充 4 个单元格的所有可能的方式，如图 6.2 所示，共有 $4!/[(4-2)!2!]=6$ 种不同的方式。一般来说，" n 选择 N "或者说用 N 个费米子填充 n 个单元格的方式数为

$$\Omega = \frac{n!}{(n-N)!N!} \tag{6.13}$$

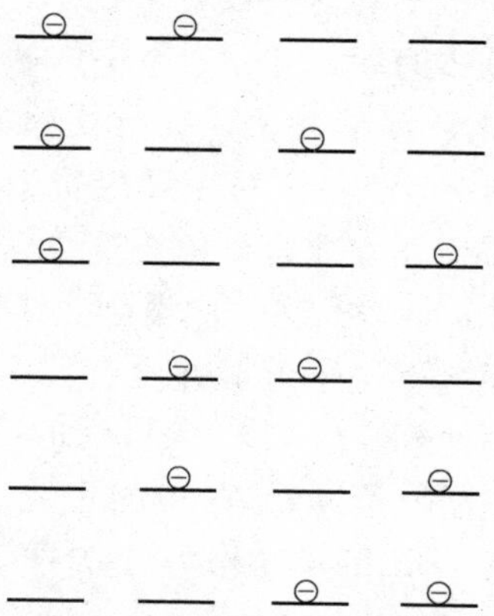

图 6.2　用 2 个费米子填充 4 个单元格的 6 种不同方式

式（6.12）和式（6.13）所描述的多重度是平均能量近似的结果。根据这个近似，每个气体粒子具有相同的能量，即系统中粒子的平均能量为 E/N。当全同粒子被认为是可分辨时，平均能量近似产生了精确的多重度 n^N，这激励我们在当全同粒子不可分辨时，对量子理想气体也可以使用这种近似。

熵

根据式（6.13），理想费米气体的熵为

$$\frac{S}{Nk} = \left(\frac{1}{N}\right) \ln\left[\frac{n!}{(n-N)!N!}\right]$$

$$= \frac{n}{N}\ln n - \left(\frac{n}{N}-1\right)\ln(n-N) - \ln N \qquad (6.14)$$

$$= -\left(\frac{n}{N}\right)\ln\left[1-\frac{N}{n}\right] + \ln\left[\frac{n}{N}-1\right]$$

第一步中，假定 $N \gg 1$ 和 $n-N \gg 1$，以便使用斯特林近似。另外，回顾式（6.12）给出的单粒子单元格个数，且费米子个数 N 不能大于单元格的个数 n，因此，有

$$0 < \frac{N}{n} \leq 1 \qquad (6.15)$$

它描述了每个单元格中的平均占有数 N/n 的取值范围，或者更简单地来说是全同费米系统的**占有率**。

取值范围式（6.15）提醒我们，在导出熵式（6.14）时所做的假设中的其中一个条件 $n-N \gg 1$，对于理想费米气体来说可能并不总是满足这个条件。实际上，在非常低的温度下，理想费米气体的占有率 N/n 接近 1。因此，$n-N \gg 1$ 这一假设限定了由熵式（6.14）得出的模型。实际上，$n-N \gg 1$ 这个近似并没有什么危害——因为我们所使用的斯特林近似 $\ln(n-N)! \approx (n-N)\ln(n-N) - (n-N)$，不仅在 $(n-N) \gg 1$ 时成立，在极限条件 $n-N \to 0$ 时也成立。

注意到式（6.12）给出的单元格数 n 本身就是流体变量 E，V 和 N 的广延函数，所以比值

$$\frac{N}{n} = \left(\frac{N}{V}\right)\left(\frac{N}{E}\right)^{3/2}\left(\frac{3h^2}{4\pi em}\right)^{3/2} \qquad (6.16)$$

是两个广延量之比，因此，占有率 N/n 也是一个广延量。利用方程式（6.16）将标准化熵 S/Nk 即式（6.14）中的 N/n 替换，可以得到广延熵函数 $S(E,V,N)$。该函数描述了所有理想费米气体的热力学行为。然而，我们接下来选择将占有率 N/n 作为一个辅助参数，这是因

为如此便可以简化代数运算。虽然熵式（6.14）和占有率式（6.16）解决了由广延量推导理想费米气体熵的形式问题，但是关于气体的特殊性质仍有待研究。

低占有率状态

当平均占有率 N/n 较低时，即当

$$\frac{N}{n} \ll 1 \tag{6.17}$$

熵式（6.14）变为

$$\frac{S(E,V,N)}{Nk} = 1 + \ln\left(\frac{n}{N}\right)$$

$$= 1 + \ln\left[\left(\frac{V}{N}\right)\left(\frac{E}{N}\right)^{3/2}\left(\frac{4me\pi}{3h^2}\right)^{3/2}\right] \tag{6.18}$$

$$= \frac{5}{2} + \ln\left[\left(\frac{V}{N}\right)\left(\frac{E}{N}\right)^{3/2}\left(\frac{4m\pi}{3h^2}\right)^{3/2}\right]$$

在推导这个方程的第一步中，我们使用了占有率式（6.16）。此结果式（6.18）就是理想气体的萨克-特多鲁特熵式（4.2）。占有率 $N/n \ll 1$ 定义了理想费米气体的半经典近似。

物 态 方 程

再次强调，熵式（6.14）和占有率式（6.16）完整地描述了理想费米气体的热力学性质。特别地，利用关系式 $1/T = (\partial S/\partial E)_{V,N}$ 和 $p/T = (\partial S/\partial V)_{E,N}$，可以推导出物态方程

$$\frac{E}{NkT} = -\left(\frac{3}{2}\right)\left(\frac{n}{N}\right)\ln\left(1 - \frac{N}{n}\right) \tag{6.19}$$

和

$$\frac{pV}{NkT} = -\left(\frac{n}{N}\right)\ln\left(1 - \frac{N}{n}\right) \tag{6.20}$$

式（6.19）和式（6.20）的直接结果就是

$$E = \frac{3}{2}pV \tag{6.21}$$

由式（6.16）可知，普朗克常数 h 在物态方程式（6.19）和式（6.20）中依然保留。在低占有率条件下，即 $N/n \ll 1$，上述两个物态方程退化为我们所熟悉的方程 $E = 3NkT/2$ 和 $pV = NkT$。

低 温 状 态

当占有率 N/n 相对较大时，特别是当其接近其最大值 1 时，理想费米气体的性质如何？我们特别关心的是，占有率较高的状态是否等同于低温状态，如果是，那么理想费米气体是否遵守热力学第三定律。

虽然不能解析求解式（6.14）、式（6.16）和式（6.19）来获得函数 $S(T)$，但是我们可以在给定粒子数 N 和体积 V 的条件下，根据这些方程，用占有率 N/n 来参数化 S 和 T，然后通过这些参数方程来绘制 $S(T)$ 曲线。

为了使绘图尽可能有意义，我们寻找一个标准化温度 T，它可以将式（6.16）和式（6.19）转变为最简单的形式。为此，我们用 E_0 来表示体积 V 保持不变，当每个单粒子单元格都被一个费米子所填充，即当 $N = n$ 时的能量。根据式（6.12）或式（6.16）可知，E_0 是最小的内能，即基态能量。因此，根据式（6.12），我们有 $1 = (V/N)(E_0/N)^{\frac{3}{2}}(4\pi em/3h^2)^{3/2}$，或等价于

$$E_0 = \frac{N^{5/3}}{V^{2/3}}\left(\frac{3h^2}{4\pi em}\right) \tag{6.22}$$

于是式（6.16）可以改写为

$$\frac{E}{E_0} = \left(\frac{n}{N}\right)^{2/3} \tag{6.23}$$

利用式（6.23）将能量物态方程式（6.19）中的能量 E 消除，则有

$$\frac{NkT}{E_0} = -\left(\frac{2}{3}\right)\frac{(N/n)^{1/3}}{\ln(1-N/n)} \tag{6.24}$$

利用此结果以及式（6.14）描述的标准化熵 S/Nk，我们可以生成以 NkT/E_0 为变量的函数值 S/Nk 和 N/n，并绘制成曲线，如图 6.3 所示。从图 6.3 中可以看出，在恒定的 V 和 N 条件下，当 $T \to 0$ 时，$S/Nk \to 0$，所以理想费米气体遵循热力学第三定律。

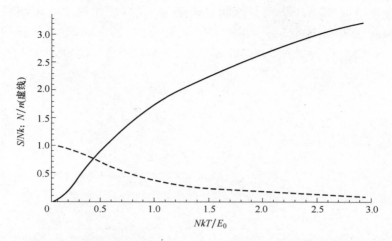

图 6.3 标准化熵 S/Nk（实线）和占有率 N/n（虚线）与标准化温度 NkT/E_0 之间的关系。理想费米气体由方程组式（6.14）、式（6.16）和式（6.24）所描述，其 N 和 V 恒定

热 容 量

满足基本约束条件 $dE = TdS - pdV$ 的流体，其摩尔定容热容 C_V 与熵 S 之间的关系为

$$C_V = T\left(\frac{\partial S}{\partial T}\right)_V \tag{6.25}$$

因为费米气体的熵是温度的函数，根据式（6.14）和式（6.24），经过一系列代数运算，可得

$$\frac{C_V}{Nk} = \frac{3(n/N)\ln(1-N/n)}{\{1+3(N/n)/[(1-N/n)\ln(1-N/n)]\}} \tag{6.26}$$

另外，根据式（6.21）和式（6.23），得到标准化压强 pV/E_0 为

$$\frac{pV}{E_0} = \left(\frac{2}{3}\right)\left(\frac{n}{N}\right)^{2/3} \tag{6.27}$$

通过关系式（6.24）给出的标准化温度 NkT/E_0 与占有率 N/n 之间的关系，图 6.4 给出了理想费米气体的标准化能量 E/E_0 式（6.23），标

准化压强 pV/E_0 式（6.27）和标准化热容 C_V/Nk 式（6.26）随着标准化温度 NkT/E_0 的变化关系图。

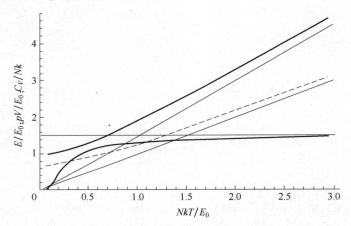

图 6.4 通过关系式（6.24）给出的标准化温度 NkT/E_0 与占有率 N/n 之间的关系，得到的分别由式（6.23）、式（6.27）和式（6.26）给出的标准化能量 E/E_0（上部实线），标准化压强 pV/E_0（虚线），以及理想费米气体的标准化热容 C_V/Nk（下部实线）。细线代表经典极限。体积 V 和粒子数 N 恒定

基　态

随着标准化温度 NkT/E_0 从高于 1 的值变为低于 1 的值，理想费米气体从经典状态转变为量子状态。这是因为，根据式（6.22），标准化温度为

$$\frac{NkT}{E_0} = kT \left(\frac{V}{N} \right)^{2/3} \left(\frac{4\pi em}{3h^2} \right) \qquad (6.28)$$

由此可见，低温、高粒子密度和小粒子质量都倾向于将理想费米气体置于量子状态。

在极端量子极限 $NkT/E_0 \ll 1$ 条件下，理想费米气体的基态压强 p_0 为

$$p_0 = \left(\frac{2}{3}\right)\left(\frac{E_0}{V}\right)$$

$$= \left(\frac{2}{3}\right)\left(\frac{N}{V}\right)^{5/3}\left(\frac{3h^2}{4\pi em}\right) \qquad (6.29)$$

$$= \left(\frac{N}{V}\right)^{5/3}\left(\frac{h^2}{2\pi em}\right)$$

该压强 p_0 通常被称为**简并压强**。在此处，形容词"简并"只是意味着"相对较高的占有率"或"在量子极限内"。"**基态压强**"这个短语更能说明问题。在 $T \rightarrow 0$ 极限下，基态能量 E_0 不为零，基态压力 p_0 不为 0，但是热容为 0，这些是理想费米气体最突出的量子特征。

6.4 平均能量近似

大家将会发现，描述理想费米气体的常用方法是占有数方法，即在给定系统能量 E 和粒子数 N 的约束条件下，熵关于宏观状态占有数最大化。这种方法已成为一个标准方法，它指出理想气体中单个粒子占据一个能量为 ε_j 的单粒子微观状态的概率为 $P_j = e^{-\varepsilon_j/kT}/Z_1$。因此，首先要确定单粒子配分函数 Z_1 和量子化能量 ε_j，然后根据吉布斯熵公式 $S = -kN\sum_j P_j \ln P_j$ 来确定理想气体的熵。

与之相反，本章第 3 节以及后面的第 7.4 节和第 7.5 节，则使用平均能量近似法。根据平均能量近似，理想气体中的所有粒子都具有相同的能量：粒子的平均能量为 E/N。然后，系统的熵 $S = k\ln\Omega$ 就可以通过其多重度 Ω 来确定，而多重度则由理想气体的粒子数 N、粒子可能占据的单粒子微观态数 n，以及组成气体的不可分辨粒子的种类（费米子和玻色子）给出。单粒子微观态数 n 通过将相空间离散化成普朗克常数大小的单元格来获得，它与系统体积 V 和每个粒子的平均能量 E/N 的依赖关系通过式（6.12）给定。以这种方式就可以得到包含量子理想气体所有热力学行为的熵函数 $S(E,V,N)$。

这两种方法，一种基于最大化占有数宏观状态的熵，另一种基于平均能量近似，却取得了许多一致的结果。例如，两者都获得了高温、低密度、经典极限下的萨克-特多鲁特熵，也都得到了重要的量子特征：理想费米气体的遵循热力学第三定律的熵、热容以及非零的基态能量和压强。但两者也有不同之处。特别是，平均能量近似法预测的理想费米气体的基态能量式（6.22）和压强式（6.29）比标准方法预测的结果高 1.2 倍。由熵的导数得出的量，比如热容 C_V，连函数表达式也是不同的。

毫无疑问，理想量子气体的标准方法包含更多的物理内容，比平均能量近似法更准确。然而，我们之所以采用平均能量近似，是因为它以最少的数学运算得出了重要的结果，并直接给出了熵函数 $S(E, V, N)$ 的性质。

例题 6.1 传导电子、原子核和白矮星

典型金属（例如铜）内的传导电子可以形成理想费米气体，它在室温下基本上处于基态。由于每个铜原子都向其导电电子气体贡献大约一个电子，因此铜原子的密度 $N/V \approx 8.48 \times 10^{28}/\mathrm{m}^3$ 就是其传导电子的密度。给定室温 $T = 300\mathrm{K}$，得到标准化温度式（6.28）的数值为 1.15×10^{-12}，远小于 1。因此，金属中的传导电子对热容的贡献远小于经典预期的热容，$3k/2 = 3R/2N_\mathrm{A}$。

金属中的传导电子，其基态压强 p_0 可以相当大，对于标准密度的铜，可以达到 $4.62 \times 10^{10} \mathrm{N/m}^2$，但是它被理想费米气体中金属离子和传导电子之间的静电吸引力有效地抵消了。

原子核内的核子（质子和中子）也可以形成理想的费米气体。核内的基态压强抵抗核子之间的强吸引力，并且以这种方式保证了核的稳定性，同时也决定了核的大小。类似的平衡也发生在白矮星电子的外向压强和向内引力之间。白矮星在核燃料循环结束时坍缩成密度比太阳大 10^6 倍的物体。

习 题 6

6.1 广 延 性
证明理想费米气体的熵是流体变量的广延函数，即证明式

（6.14）和式（6.16）中所隐含的函数 $S(E,V,N)$ 具有 $\lambda S(E,V,N)=S(\lambda E,\lambda V,\lambda N)$ 的性质。

6.2 德布罗意波长

表示理想气体进入量子状态的另一种方式是平均能量为 E/N 的粒子的德布罗意波长 $\lambda=h/p$ 大于粒子中心之间的平均间距 $(V/N)^{1/3}$。

（a）根据平均粒子能量 E/N、粒子密度 N/V 和普适常数，导出表达该条件的不等式。

（b）这个条件意味着占有率 N/n 是多少？

6.3 热 容

（a）导出理想费米气体的热容式（6.27），即用 $C_V=T(\partial S/\partial T)_V$ 来获得

$$\frac{C_V}{Nk}=\frac{3\left(\dfrac{n}{N}\right)\ln(1-N/n)}{\left\{1+3(N/n)\Big/\left[\left(1-\dfrac{N}{n}\right)\ln(1-N/n)\right]\right\}}$$

（b）证明：当 $N/n\ll 1$ 时，该热容可以转变成经典理想单原子气体的预期结果。

6.4 激 光 聚 变

产生核聚变所需的温度和密度的一种方法是将激光束照射在由氢的同位素氘和氚所构成的小球上。要求燃料小球内爆核心处的能量至少达到 1keV，电子密度大约为 $N/V=10^{33}/\text{m}^3$。求这些参数所对应的归一化温度 NkT/E_0 的大小。燃料小球的内爆核心是否处于量子状态？

6.5 白 矮 星

当一颗恒星消耗完它所有的核燃料后，它就不再能产生足够的能量来维持它的大小，这颗恒星就会坍缩成一个紧密的物体，根据它的质量大小，我们可以判别它为白矮星、中子星或黑洞。它的电子气体的基态压强或者说简并压强就是使质量达到太阳质量 1.4 倍的白矮星免于进一步因引力坍缩的反向作用力。考虑一个质量为 M 和半径为 R 的球形均匀白矮星，它具有负引力势能 $U_g=-3GM^2/5R$，白矮星表面处的向内引力压强为 $p_g=-(\partial U_g/\partial V)$。白矮星的温度非常高，足以形

成完全电离的等离子体，密度足够高，完全进入了量子区域。因此，它的电子压强为 $p_0 = (N/V)^{5/3}(h^2/2\pi em)$。条件 $p_g + p_0 = 0$ 表明白矮星达到了平衡状态。假设一颗白矮星由数量相等的质量为 m 的电子和质量为 m_p 的质子组成，确定白矮星的半径 R 与其质量 M 之间的依赖关系（提示：你需要使用球的体积 V 和半径 R 之间的关系）。

7

第 7 章

玻色系统的熵

7.1 光子

1900 年，马克斯·普朗克给出了黑体辐射光谱能量密度的数学表达式

$$\rho(\nu) = \frac{8\pi\nu^2}{c^3} \frac{h\nu}{(e^{h\nu/kT} - 1)} \qquad (7.1)$$

它成功地再现了频率微分间隔 ν 到 $\nu+d\nu$ 内的黑体辐射能量密度。但这个公式背后的物理原理一直很模糊，在接下来的 25 年里，普朗克本人、爱因斯坦和玻色一直致力于此，并最终找到了答案。尤其是玻色，将普朗克公式背后的所有原理（绝对熵、确定相空间单元、量子化能量和粒子状光量子或光子）组成了一个关于黑体辐射的相干性全量子理论。

光　子

光量子或光子的概念于 1905 年被爱因斯坦提出之后，首先受到了人们的抵制。这是由于波动理论在当时已经取得了巨大的成功，而提出光子概念的目的仅仅是解释一些波动理论无法解释的现象。这些现象包括光电效应和康普顿效应。光电效应是指足够高的高频光照射在金属表面上使表面发射电子的现象。康普顿效应是指 X 射线与自由或基本自由的电子碰撞时所产生的效应。如图 7.1 所示，在这些效应中，光子将一部分能量和动量传递给电子。

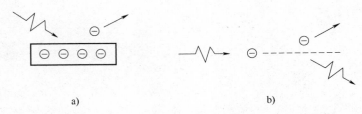

图 7.1 a）光电效应：光子撞击金属表面使表面发射电子
　　　　 b）康普顿效应：X 射线光子被自由电子散射

互 补 性

　　电磁辐射有时表现出波动性，有时又表现出粒子性，这意味着这些截然不同的模型是相互补充的。或者说，电磁辐射具有双重性质，波的频率 ν 与相关光子的能量 ε 和动量 p 之间的定量关系为

$$\varepsilon = h\nu \tag{7.2}$$

和

$$p = h\nu/c \tag{7.3}$$

有趣的是，爱因斯坦对他自己发明的光子和所有量子概念持有怀疑态度。爱因斯坦认为光子只是一种探索式的，即一种提示性的临时手段，总有一天会被更基础的理论所取代。

7.2 黑体辐射

　　在电场和磁场中，麦克斯韦方程组都是线性的。出于这个原因，电磁波，也就是光子，彼此之间不发生相互作用，仅仅通过吸收和发射来达到平衡，比如说，通过图 7.2 中左室器壁的吸收和发射。这些器壁的温度为 T。此外，图 7.2 中的滤波器可以让频率区间 ν 到 $\nu+\mathrm{d}\nu$ 内的辐射从具有吸收和发射壁的左腔室传递到具有完全反射壁的右腔室。通过这种方式，右腔室就可以将黑体辐射中的单色部分孤立起来。

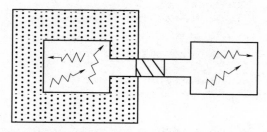

图 7.2　左腔室：黑体辐射与其材料壁处于温度为 T 的平衡状态。

右腔室：单色黑体辐射被完全反射的器壁所包围。

中心处：一种只允许单频率辐射从左向右传播的滤波器

在本节中，我们将由频率为 ν 的光子组成的单色辐射系统称为**子系统**。该子系统的光子具有能量 $h\nu$ 和动量 $h\nu/c$，并且是各向同性的，即在所有方向上是均匀的。我们采用以下表示法：E^ν 表示系统能量，S^ν 表示熵，p^ν 表示压强，Ω^ν 表示多重度，$N_p^\nu = E^\nu/h\nu$ 表示子系统中的光子数，N_ν^c 表示频率为 ν 的单个光子占据的所有可能的状态数。这些量之间的相互关系为 $S^\nu = k\ln\Omega^\nu$，$1/T = \left(\dfrac{\partial S^\nu}{\partial E^\nu}\right)_V$，和 $p^\nu/T = (\partial S^\nu/\partial V)_{E^\nu}$。

注意上述所有上标为 ν 的量都是子系统在频率间隔 ν 到 $\nu + d\nu$ 内的微分。例如，子系统的能量是

$$E^\nu = V\rho(\nu)\,d\nu \tag{7.4}$$

$\rho(\nu)$ 是光谱能量密度。对于动量为 $p = h\nu/c$ 的光子，其所有可能的光子态数为

$$
\begin{aligned}
N_c^\nu &= \frac{V}{h^3}（动量空间体积）（光子偏振态数）\\[4pt]
&= \frac{V}{h^3}(4\pi p^2\,dp)\cdot 2\\[4pt]
&= \frac{V\cdot 8\pi p^2\,dp}{h^3}\\[4pt]
&= \frac{8V\pi\nu^2\,d\nu}{c^3}
\end{aligned}
\tag{7.5}
$$

这是由于动量空间中可进入的动量空间体积是一个半径为 p，厚度为

dp 的壳层，且每个光子有两种可能的偏振态。

光子的多重度 Ω^v 是这些 N_p^v 个相同光子在 N_c^v 个光子态上所有的不同排列方式数。回想一下第 4.4 节中讨论过并在图 4.3 中展示的那个结构上完全相同的问题，即相同光子在谐振子不同自由度上的不同排列方式数问题。同理，子系统的多重度为

$$\Omega^v = \frac{(N_p^v + N_c^v - 1)!}{N_p^v!\,(N_c^v - 1)!} \tag{7.6}$$

所以子系统的绝对熵为

$$S^v = k\left[(N_p^v + N_c^v)\ln(N_p^v + N_c^v) - N_p^v\ln N_p^v - N_c^v\ln N_c^v\right] \tag{7.7}$$

这里我们假设 $N_p^v \gg 1$ 和 $N_c^v \gg 1$。

在利用关系式 $1/T = \left(\dfrac{\partial s^v}{\partial E^v}\right)_V$ 推导子系统的能量物态方程时，最方便的方法就是从式（7.7）开始，并以光子数 $N_p^v = \dfrac{E^v}{h\nu}$ 和子系统单元格数 $N_c^v = 8V\pi\nu^2 d\nu/c^3$ 作为参数，按照以下步骤进行：

$$\frac{1}{kT} = \left(\frac{\partial N_p^v}{\partial E^v}\right)\left[\ln(N_p^v + N_c^v) + 1 - \ln N_p^v - 1\right]$$

$$= \left(\frac{1}{h\nu}\right)\ln\left(1 + \frac{N_c^v}{N_p^v}\right) \tag{7.8}$$

$$= \left(\frac{1}{h\nu}\right)\ln\left(1 + \frac{8V\pi h\nu^3 d\nu}{c^3 E^v}\right)$$

求式（7.8）的解 $E^v/Vd\nu = \rho(\nu)$ 就可以得到普朗克表达式

$$\rho(\nu) = \frac{8\pi\nu^2}{c^3}\frac{h\nu}{(e^{h\nu/kT} - 1)} \tag{7.9}$$

即黑体辐射的光谱能量密度。

例题 7.1 斯特藩-玻耳兹曼定律与辐射常数

问题：从黑体辐射的光谱能量密度推导出斯特藩-玻耳兹曼定律 $E/V = aT^4$ 的定律，用第 1.9 节首次定义的基本常数——辐射常数 a 来表示。

解：因为子系统能量 E^ν 是单色辐射在 ν 到 $\nu+d\nu$ 区间内的微分，而系统的总能量是其各部分之和，黑体辐射全谱的能量 E 就是所有频率的 E^ν 在 $\nu=0$ 到 ∞ 上的积分。特别是，

$$E = \int_0^\infty E^\nu$$

$$= V \int_0^\infty \rho(\nu)\,d\nu$$

根据光谱能量密度式（7.9），可以得到

$$E = \frac{8V\pi h}{c^3} \int_0^\infty \frac{\nu^3\,d\nu}{e^{h\nu/kT}-1}$$

$$= \frac{8V\pi k^4 T^4}{c^3 h^3} \int_0^\infty \frac{x^3\,dx}{e^x-1}$$

$$= \frac{8\pi^5 k^4}{15c^3 h^3} V T^4$$

$$= aV T^4$$

这就是斯特藩-玻耳兹曼定律，其中辐射常数为

$$a = \frac{8\pi^5 k^4}{15c^3 h^3}$$

7.3　理想玻色气体

由于求解理想玻色气体的方法与第 6.3 节中求解理想费米气体的方法大致相同，所以我们可以回顾一下那一节的前几部分。在这里，我们依然定义一个能量为 E/N 的理想气体粒子，无论它是可分辨的费米子还是玻色子，其可能的单粒子微观态数或单元格数均为

$$n = V\left(\frac{E}{N}\right)^{3/2}\left(\frac{4\pi em}{3h^2}\right)^{3/2} \tag{7.10}$$

E、V 和 N 是描述系统的广延流体参量，h 是普朗克常量，e 是自然对数的底数。我们再次使用每个单元格的平均占用数，也就是占有率

$$\frac{N}{n} = \left(\frac{N}{V}\right)\left(\frac{N}{E}\right)^{3/2}\left(\frac{3h^2}{4\pi em}\right)^{3/2} \tag{7.11}$$

因为任意数量的玻色子都可能占据同一个粒子单元格，所以

$$0 < \frac{N}{n} \leqslant N \qquad (7.12)$$

它确定了理想玻色气体的占有率的取值范围。我们再次采用平均能量近似法。

理想玻色气体的多重度

将 N 个具有能量为 E/N 的全同玻色子置于 n 个不同单元格内的不同排布方式数就是多重度

$$\Omega(E, V, N) = \frac{(N+n-1)!}{N!(n-1)!} \qquad (7.13)$$

获取式（7.13）的计数方式与有序排列 N 个相同球和（$n-1$）个相同分隔器问题的计数方式，在结构上是完全相同的。将它们排成一行时，（$n-1$）个分隔器将 N 个球分成 n 个有序（因此不同）组或单元。作为对比，可见图 4.3。同样，也可以回顾一下第 4.4 节和第 7.2 节，我们在第 4.4 节计算声子微观状态以及第 7.2 节计算光子微观状态时都使用了组合公式（7.13）——这两个都是计数玻色子的例子。

爱因斯坦将可分辨粒子组成的理想经典气体的多重度 n^N，替换为不可分辨的玻色子组成的理想气体的多重度 $(N+n-1)!/[(n-1)!N!]$，埃伦菲斯特（1880—1933）对此表示质疑。$\Omega = n^N$ 意味着经典理想气体的粒子在单粒子相空间中的位置是相互独立的。如果 $\Omega = n^N$，那么系统的熵 $S = Nk\ln n$ 就可以简单地看作所有单个粒子熵的总和。然而，如果 $\Omega = (N+n-1)!/[(n-1)!N!]$，就不可能对多重度进行这样的分解，也不可能对熵做出这样的解释。显然，理想玻色气体的粒子在相空间中的位置并不是相互独立的。虽然爱因斯坦并不反对这种描述，但他觉得这是无法解释的。理想玻色气体的粒子，以及理想费米气体的粒子，即使在没有粒子间作用力的情况下，也彼此关联，这是纯粹的量子效应。

熵

根据式（7.13），N 粒子理想玻色气体的熵为

$$S(E,V,N) = k\ln\left[\frac{(N+n-1)!}{N!(n-1)!}\right] \tag{7.14}$$

为了展开斯特林近似，我们假定 $N \gg 1$ 和 $n \gg 1$，因此由式（7.14）可以得到

$$\frac{S(E,V,N)}{Nk} = \left(1+\frac{n}{N}\right)\ln(N+n) - \ln N - \left(\frac{n}{N}\right)\ln n \tag{7.15}$$

$$= \left(\frac{n}{N}\right)\ln\left(1+\frac{N}{n}\right) + \ln\left(1+\frac{n}{N}\right)$$

根据式（7.11），可以发现理想玻色气体的熵式（7.15）是广延量 E、V 和 N 的广延函数。尽管式（7.11）、式（7.14）及式（7.15）也描述了所有可知的理想玻色气体的热力学行为，但是这种气体的特殊性质也仍有待于探索。

低占有率状态

当占有率 N/n 很低时，即

$$\frac{N}{n} \ll 1 \tag{7.16}$$

熵式（7.15）展开式中的主导项为

$$\frac{S(E,V,N)}{Nk} = 1 + \ln\left(\frac{n}{N}\right)$$

$$= 1 + \ln\left[\left(\frac{V}{N}\right)\left(\frac{E}{N}\right)^{3/2}\left(\frac{4\pi em}{3h^2}\right)^{3/2}\right] \tag{7.17}$$

$$= \frac{5}{2} + \ln\left[\left(\frac{V}{N}\right)\left(\frac{E}{N}\right)^{3/2}\left(\frac{4\pi m}{3h^2}\right)^{3/2}\right]$$

在第一步中我们使用了式（7.11）。此结果式（7.17）就是理想气体的萨克-特多鲁特熵式（4.2）。

物态方程

只要 $N \gg 1$ 和 $n \gg 1$，通过式（7.15）给出的熵 S 以及式（7.11）定义的占有率 N/n，就可以完整地描述理想玻色气体的热力学性质。特别是，结合式（7.11）、式（7.15）、$1/T = (\partial S/\partial E)_{V,N}$ 和 $p/T =$

$(\partial S/\partial V)_{E,N}$，可以导出其物态方程。在这些中结果中我们发现

$$\frac{E}{NkT}=\left(\frac{3}{2}\right)\left(\frac{n}{N}\right)\ln\left(1+\frac{N}{n}\right) \qquad (7.18)$$

和

$$\frac{pV}{NkT}=\left(\frac{n}{N}\right)\ln\left(1+\frac{N}{n}\right) \qquad (7.19)$$

物态方程式（7.18）和式（7.19）的直接结果是

$$E=\frac{3}{2}pV \qquad (7.20)$$

注意到因为普朗克常数 h 出现在占有率式（7.11）中，所以它在这些物态方程中得以保留。在低占有率极限条件下，物态方程式（7.18）和式（7.19）退化为我们所熟知的理想气体物态方程 $pV=NkT$ 和 $E=3NkT/2$。

低 温 状 态

理想玻色气体在低温状态下的行为是怎样的？式（7.11）确保了高占有率状态等价于低能量状态，而式（7.18）确保了低能量状态等价于低温状态。因此，正如理想费米气体一样，对于理想玻色气体，低温也意味着高占有率。

我们特别关心的是，由物态方程式（7.18）和式（7.19）所描述的理想玻色气体是否遵循热力学第三定律。因为无法从式（7.11）、式（7.15）和式（7.18）中解析求解出熵函数 $S(T)$，因此我们再次以占有率 N/n 作为参数，在给定 N 和 V 的条件下，建立标准化熵值和温度 T 的数值连接。我们在图7.3中绘制出了熵函数 $S(T)$ 的数值计算结果。然而，我们用来作为标准化理想玻色气体的温度参数不能直接用来作为标准化理想费米气体的温度参数。因为这两种气体的基态是完全不同的。

对于理想玻色气体，它具有一个特定的基态，此时 N 个玻色子在保持体积 V 不变的情况下全都处于相同的单粒子态，即 $n=1$。将此特定基态的能量记作 E_{00}，它是一个非常便于标准化的能量。在这种情

况下，式（7.10）可以简化为 $1 = V(E_{00}/N)^{3/2}(4\pi em/3h^2)^{3/2}$。因此这个基态的能量为

$$E_{00} = \frac{N}{V^{2/3}}\left(\frac{3h^2}{4\pi em}\right) \tag{7.21}$$

根据此结果，式（7.10）可以表示为

$$\frac{E}{N^{2/3}E_{00}} = \left(\frac{n}{N}\right)^{2/3} \tag{7.22}$$

利用式（7.22）将能量物态方程（7.18）中的能量 E 消去，得到关于标准化温度 $kTN^{1/3}/E_{00}$ 的参数方程

$$\frac{kTN^{1/3}}{E_{00}} = \left(\frac{2}{3}\right)\frac{(N/n)^{1/3}}{\ln(1+N/n)} \tag{7.23}$$

利用此结果式（7.23）以及式（7.15）给出的标准化熵 S/Nk，可以生成 S/Nk 和 $kTN^{1/3}/E_{00}$ 的坐标值，并将结果绘制于图 7.3 中。如图 7.3 所示，占有率的变化范围是从 $N/n = 1$（右上方）到 $N/n = 100$（左下中心）。

$S(T)$ 曲线的形状十分奇怪，它在 $N/n = 16$ 附近发生弯曲并形成一个鼻子形状。在这个点上其斜率 $\left(\dfrac{\partial S}{\partial T}\right)_V$ 趋向于无穷大。这些特征意味着不稳定。但在研究这种不稳定性之前，我们先进一步详细地讨论这个特殊的 $n = 1$ 基态，即系统内所有的玻色子都处于相同的单粒子微观态。

基　　态

首先要注意非常重要的一点，即 $n = 1$ 基态既不能由熵式（7.15）描述，也不能由物态方程式（7.18）和式（7.19）描述，更不能由这些方程的导出方程描述。这是因为这些方程都来源于 $S = k\ln\Omega$，并在推导过程中使用了斯特林近似，且假定 $n \gg 1$ 以及 $N \gg 1$。我们只能通过式（7.11）~式（7.13）和熵的组合表达式（7.14）来描述 $n = 1$ 基态。因此，$n = 1$ 基态的多重度 $\Omega = 1$，基态熵 $S = 0$。此外，这种基态不同于图 7.3 所示的宏观状态。原则上，$n = 1$ 基态的能量 E_0 不等

于标准化基态能量 E_{00}，因为 $n=1$ 基态的体积 V_0 可以与 $n \gg 1$ 宏观状态的体积 V 不同。

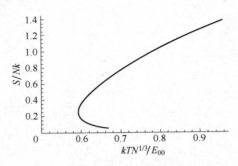

图 7.3 标准化熵 S/Nk 与标准化温度 $kTN^{1/3}/E_{00}$ 之间的关系。
N 和 V 是常数，占有率的变化范围为从 $N/n=1$（右上方）到
$N/n=100$（左下中心）。结果由式（7.15）和式（7.23）计算得出

热力学不稳定性

根据基本方程 $dE = TdS - pdV$，定体热容 $C_V = (\partial E/\partial T)_V$ 可以由 $T(\partial S/\partial T)_V$ 给出，所以负斜率 $(\partial S/\partial T)_V$ 意味着负热容。一个具有负热容的系统不可能与恒温环境保持热平衡。这是因为，具有负热容系统在加热时温度降低，而在冷却时温度却升高。任何一种行为都使系统在恒温环境下进一步偏离热平衡。因此，根据图 7.3 所示的计算结果，当占有率高于 $N/n \approx 16$ 时，理想玻色气体是不稳定的。

实际上，理想玻色气体在较小的占有率下就是热力学不稳定的。为了说明这一点，考虑一个孤立系统，每当它转变为另一个熵更高的宏观状态时，它都是热力学不稳定的。

事实上，低温理想玻色气体的实际实现过程永远不可能是孤立的，永远存在着一条由于系统损失能量而回到基态的路径。通常情况下，在恒温 T 和恒压 p 下气体与环境接触，当温度 T 缓慢减小时，系统发生变化。在这种情况下，理想玻色气体将开始占据其 $n=1$ 基态，并减少其吉布斯自由能。特别是，所有 $n>1$ 状态的吉布斯自由能 $G = E - TS + pV$ 都开始超过 $n=1$ 基态时的吉布斯自由能时，有

$$G_{n>1} = G_{n=1}$$

$$E - TS + pV = E_0 - TS_0 + pV_0$$

$$\frac{5}{3}E - TS = 0$$

$$kT \cdot \frac{5}{3} \cdot \frac{3}{2} \cdot \left(\frac{n}{N}\right) \ln\left(1 + \frac{N}{n}\right) = kT\left[\ln\left(1 + \frac{n}{N}\right) - \left(\frac{n}{N}\right)\ln\left(1 + \frac{N}{n}\right)\right]$$

$$\frac{3}{2} \cdot \left(\frac{n}{N}\right) \ln\left(1 + \frac{N}{n}\right) = \ln\left(1 + \frac{n}{N}\right) \tag{7.24}$$

在该方程的第二步中，我们在左侧使用了式（7.20），在右侧应用了 $S_0 = 0$。与 E 和 V 相比，基态能量 E_0 和体积 V_0 很小，可以忽略。

求解方程式（7.24）可得临界占有率为

$$\frac{N}{n_c} = 0.392 \tag{7.25}$$

只要 $G_{n>1} > G_{n=1}$，占有率 $N/n > N/n_c$，理想玻色气体就会变得热力学不稳定。或者说，只要 $N/n < N/n_c$，理想玻色气体是热力学稳定的。根据式（7.23），这个将稳定性与不稳定性隔开的临界占有率 N/n_c，对应着标准化临界温度 $kT_c N^{1/3}/E_{00} = 1.48$，或者等价于

$$kT_c = 1.48\frac{E_{00}}{N^{1/3}} \tag{7.26}$$

$$= 0.130\left(\frac{N}{V}\right)^{2/3}\left(\frac{h^2}{m}\right)$$

该结果比包含更多物理条件的模型所预测的临界温度大了 1.5 倍。该临界点，即 $kT_c N^{1/3}/E_{00} = 1.48$，$S_c/Nk = 2.11$ 和 $N/n_c = 0.392$ 位于图 7.3 所示的曲线上，但远远超出了该图的右上角。

7.4　玻色-爱因斯坦凝聚

如果我们把理想玻色气体冷却到一个略低于其临界温度 T_c 的温度，从而使其占有率略高于其临界占有率 $N/n_c = 0.392$，则气体将

分为两部分，每一部分都被压迫到吉布斯自由能的相对最小值附近，即热力学相空间的一个稳定区域。当气体温度保持在其临界温度附近时，大部分粒子依然保持临界占有率 N/n_c，其余小部分粒子将凝聚到 $n=1$，$S=0$ 的基态。这种转变称为相变，每一部分中的物质均被称为气体的一个相。因此，当 $T<T_c$ 时，系统变成一个复合的双相系统。对于温度较低的理想玻色气体，基态的相是一种由一个单粒子微观状态组成的宏观状态的相，而在不稳定开始时依然保持正常相。

早在 1925 年，阿尔伯特·爱因斯坦就预言了 $n=1$ 的相或凝聚体的存在。受到 1924 年玻色关于黑体辐射分析的启发，爱因斯坦将玻色计数方法，即玻色统计量，应用于由相同物质粒子组成的理想气体。然后，在扩展分析的基础上，预测了这种凝聚的 $n=1$ 的单粒子微观状态相，我们现在称之为**玻色-爱因斯坦凝聚**。

双 相 态

随着系统的温度低于其临界温度 T_c，占据非凝聚相的粒子数相应减少，占据 $n=1$ 基态相的粒子数 N_0 逐渐增加，粒子的总数

$$N=N_{un}+N_0 \tag{7.27}$$

是守恒的。或者说，随着温度 T 进一步降到 T_c 以下，占据非凝聚相的粒子比例 N_{un}/N 减小，而处于基态相的粒子比例 N_0/N 增加。然而，系统能量和熵并不守恒。当系统温度 T 降到 T_c 以下时，两者都随温度的降低而降低。

由于气体粒子总是寻求与其当前温度 T 相一致的最稳定的宏观状态，即寻求吉布斯自由能最小的状态，所以当 N_{un} 和 n_{un} 均下降时，未凝聚的粒子数 N_{un} 将保持其临界占有率不变，即

$$\frac{N_{un}}{n_{un}}=\frac{N}{n_c}=0.392 \tag{7.28}$$

因此，条件式（7.28）表示了粒子在非凝聚相中的稳定性。

稳定性关系式（7.28）有一个重要的结论。根据占有率的定义式（7.11），将式（7.28）的两侧展开，得到

$$\frac{N_{un}}{n_{un}} = \frac{N}{n_c}$$

$$\left(\frac{N_{un}}{V}\right)\left(\frac{N_{un}}{E_{un}}\right)^{3/2}\left(\frac{3h^2}{4\pi em}\right)^{3/2} = \left(\frac{N}{V}\right)\left(\frac{N}{E_c}\right)^{3/2}\left(\frac{3h^2}{4\pi em}\right)^{3/2} \tag{7.29}$$

$$\frac{N_{un}^{5/2}}{E_{un}^{3/2}} = \frac{N^{5/2}}{E_c^{3/2}}$$

这里 E_{un} 是那些处于非凝聚临界状态的粒子能量。同样地，我们比较了当 $T=T_c$ 时的能量物态方程式（7.18），发现当 $T<T_c$ 时，所有粒子都处于临界点

$$\frac{E_c}{NkT_c} = \frac{3}{2}\left(\frac{n_c}{N}\right)\ln\left(1+\frac{N}{n_c}\right) \tag{7.30}$$

而只有部分非凝聚粒子处于临界点

$$\frac{E_{un}}{N_{un}kT} = \frac{3}{2}\left(\frac{n_{un}}{N_{un}}\right)\ln\left(1+\frac{N_{un}}{n_{un}}\right) \tag{7.31}$$

根据稳定性条件式（7.28），式（7.30）和式（7.31）的右侧是相等的。因此当 $T<T_c$ 时，有

$$\frac{E_{un}}{N_{un}T} = \frac{E_c}{NT_c} \tag{7.32}$$

在式（7.29）和式（7.32）中消去 E_{un}/E_c，得到

$$\frac{N_{un}}{N} = \left(\frac{T}{T_c}\right)^{3/2} \tag{7.33}$$

根据粒子守恒式（7.27），上述结果等价于

$$\frac{N_0}{N} = 1 - \left(\frac{T}{T_c}\right)^{3/2} \tag{7.34}$$

该表达式描述了当温度 T 降到临界温度 T_c 以下并接近绝对零度时基态被占据的方式。根据式（7.34），当 $T=T_c$ 时，所有粒子均处于临界非凝聚相，而当 $T=0$ 时，所有粒子均处于凝聚基态相。

　　一个复合双相系统的熵，是其两相熵之和。由于基态相的熵消失了，所以复合系统的熵为

$$S = N_{un}k\left\{\ln\left[1+\frac{n_{un}}{N_{un}}\right]+\left(\frac{n_{un}}{N_{un}}\right)\ln\left[1+\frac{N_{un}}{n_{un}}\right]\right\}$$

$$= N_{un}k\left\{\ln\left[1+\frac{n_c}{N}\right]+\left(\frac{n_c}{N}\right)\ln\left[1+\frac{N}{n_c}\right]\right\} \quad\quad (7.35)$$

$$= 2.11 N_{un}k$$

其中，在第一步和第二步中，我们使用了稳定性条件式（7.28）。根据式（7.35）和式（7.33），两相系统的标准化熵为

$$\frac{S}{Nk} = 2.11\frac{N_{un}}{N}$$

$$= 2.11\left(\frac{T}{T_c}\right)^{3/2} \quad\quad (7.36)$$

我们在图 7.4 中重新绘制了图 7.3 中的结果，同时删去了 $S\text{-}T$ 关系中的不稳定部分，并增加了 $S\text{-}T$ 关系式（7.36）中的双相部分。图中实线表示熵，虚线表示标准化热容 C_V/Nk。因为当 $T\to 0$ 时，$S\to 0$，所以这个复合系统遵循热力学第三定律。（见习题 7.7）因为熵在临界温度下是连续的，但是它对温度的一阶导数 $(\partial S/\partial T)_V = C_V/T$ 却是不连续的，因此，这个相变转变是一级相变，至少在平均能量近似下是一级相变。

阿尔伯特·爱因斯坦在写给保罗·埃伦菲斯特的信中说："（理想玻色气体的）理论是很漂亮的，但它会是一种实际存在吗？"爱因斯坦提出理想玻色气体低温凝聚相的理论预言后，对于它的实验验证在几年之后才得以实现。1938 年，弗里茨·伦敦将氦Ⅰ和氦Ⅱ之间的相变解释为玻色-爱因斯坦凝聚的转变。但是观测到的临界温度比预测的要低，在冷凝时的液体中的氦原子会相互吸引，这些原子间的吸引力可能是导致这种差异的原因。直到 1995 年，科罗拉多大学的埃里克·康奈尔和卡尔·威曼才将弱相互作用的玻色子（铷原子）气体冷却到临界温度以下，并产生了玻色-爱因斯坦凝聚体。由于这项工作，他们两人以及不久之后在麻省理工学院获得了一种含有钠原子的玻色-爱因斯坦凝聚体的沃尔夫冈·凯特勒，三人共同获得了 2001 年的诺贝尔物理学奖。

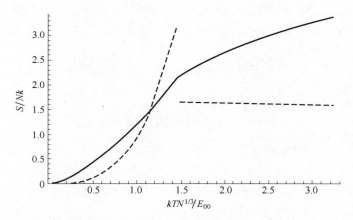

图 7.4　标准化熵 S/Nk（实线）与标准化温度 $kTN^{1/3}/E_{00}$ 之间的关系。密度范围为从 $N/n = 0.3$（右上方）到 $n = 1$ 基态（左下方）。当温度为 $T \geqslant T_c$ 时，数值来源于式（7.15）和式（7.23），而当在温度为 $T \leqslant T_c$ 时，数据来源于式（7.23）和式（7.36）。图中还给出了习题 7.7 中的标准化热容 $C_V = T(\partial S/\partial T)_V$（虚线）与标准化温度之间的关系

7.5　理想气体模型

我们反思一下第 6.3 节和第 7.3 节中关于理想费米气体和理想玻色气体的推导过程。纳入到这些模型的量子特性包括：由普朗克常数 h 决定的相空间单元格、绝对熵 $S = k\ln\Omega$、全同粒子的不可分辨性，以及我们计数玻色子和费米子微观状态的特殊方法。因此，这些模型既不依赖于量化动力学性质，如粒子能量或动量，也不依赖于为简化量化过程而假设的具有特定形状的体积。

平均能量近似

我们还用平均能量近似来描述理想费米气体和理想玻色气体。平均能量近似将理想费米气体的基态能量和压强提高了约 1.2 倍，将理想玻色气体的临界温度比更加完整的标准推导所预测的值提高了 1.5

倍以上。此外，平均能量近似使熵函数在低温量子态下的导数发生畸变。但是，平均能量近似可以让我们快速重现理想量子气体的显著特征：在 $T \to 0$ 极限下，变为零的熵和热容，理想费米气体的非零基态能量和压强，以及理想玻色气体的临界温度。低于该临界温度，理想玻色气体变为双相。

量子与经典描述

在总结理想经典气体和理想量子气体的区别时，我们把与量子描述有关的性质放在左边一栏，把与经典描述有关的性质放在右边一栏。值得注意的是，两栏中都包含了广延性和在半经典或低占有率极限条件下与萨克-特多鲁特熵的一致性，这也是唯一一个适用于理想气体的性质。

量 子 描 述	经 典 描 述
熵具有广延性	熵具有广延性
全同粒子是不可分辨的	全同粒子是可分辨的
熵服从热力学第三定律	熵不服从热力学第三定律
绝对熵 $S = k \ln \Omega$	相对熵 $S = c + k \ln \Omega$
当占有率 $N/n \ll 1$ 时为萨克-特多鲁特熵	与萨克-特多鲁特熵一致
H 变为普朗克常数 h	H 是任意的
物态方程中包含 h	物态方程中不包含 h

习 题 7

7.1 辐 射 压 力

（a）以辐射频率 ν、系统温度 T 和普通常数为参量，推导出黑体辐射谱压 p^ν 的表达式。[提示：从谱熵 S^ν 式（7.7）开始，用 $p^\nu/T = (\partial S^\nu/\partial V)_E$，然后进行类似推导式（7.9）的过程，并通过 $E^\nu/V\mathrm{d}\nu = \rho(\nu)$ 消除 E^ν。]

（b）从 $\nu = 0$ 到 $\nu = \infty$ 对 p^ν 积分，得到用 T 和普适常数表达的总压

强 p。（你将会需要用软件来完成积分，或者用查表法在附录 II 公式表中查找）

（c）证明：黑体辐射的压强 p 和内能 E 之间的关系是 $p = E/3V$。

7.2　太阳中心的辐射压强

太阳中心的温度大约是 2×10^7 K，计算其相应的黑体辐射压强。这个辐射压强与太阳中心的气体压强（4×10^{11} Pa）之比是多少？（提示：参阅习题 7.1 或重读第 1.9 节。）

7.3　最 大 辐 射

在频率区间为 ν 到 $\nu + d\nu$ 内的黑体辐射能量为 $\rho(\nu) d\nu$，其中 $\rho(\nu)$ 为式（7.1）或式（7.9）给出的光谱能量密度。

（a）根据真空中电磁辐射的频率 ν 与波长之间的关系为 $c = \lambda \nu$，求出每一微分波长的光谱能量密度 $\varepsilon(\lambda)$，它满足 $\varepsilon(\lambda) d\lambda = \rho(\nu) d\nu$；

（b）求出维恩定律的表达式，即微分波长的光谱能量密度 $\varepsilon(\lambda)$ 达到最大值时所对应的波长（你得用数值方法解一个简单的方程。）；

（c）假设当波长接近 5×10^{-7} m 时太阳辐射能量最大，那么太阳表面的有效温度是多少？

7.4　光 子 数

求出以体积 V 和温度 T 为函数的黑体辐射光子数的表达式。（提示：从 $\nu = 0$ 到 $\nu = \infty$ 积分 $E_\nu / h\nu$。你得用数值方法计算积分 $\int_0^\infty x^2 / (e^x - 1) \, dx$ 或者采用附录 II 中的公式。）

7.5　两 相 能 量

根据第 7.3 节和第 7.4 节关于玻色-爱因斯坦气体和凝聚体的相关内容，假设处于凝聚态的粒子对系统总能量的贡献足够小并可以忽略。当系统处于两相区域时，即 $T < T_c$，由式（7.18）推导出以 N、T 和 T_c 为变量的复合系统的能量 E 表达式。

7.6　光子可以凝聚吗？

一个充满电磁辐射的腔体可以看作光子气体，且光子是玻色子。那么，为什么光子在低温下从不凝聚呢？

7.7　理想玻色气体和凝聚态的热容

（a）证明：理想玻色气体在 $T \geq T_c$ 时的热容为

$$\frac{C_V}{Nk} = \frac{(n/N)(1+N/n)[\ln(1+N/n)]^2}{N/n - (1/3)(1+N/n)\ln(1+N/n)}$$

（b）证明：当 $T \leqslant T_c$ 时，处于两相区域的复合理想玻色气体的热容 $C_V = T(\partial S/\partial T)_V$ 为

$$\frac{C_V}{Nk} = 3.16 \left(\frac{T}{T_c}\right)^{3/2}$$

这些表达式用于绘制图 7.4 中的虚线。

第 8 章
信 息 熵

8.1　消息和消息源

信息技术和最早记录的消息一样古老，但直到 20 世纪工程师和科学家才开始量化他们称之为**信息**的东西。然而，"**信息**"一词并不能很好地描述最初的信息专家所量化的概念。当然，专家们有权选择常用的词语，并赋予它们新的含义。例如，艾萨克·牛顿在他的动力学理论中以更加有用的方式对"**力**"和"**功**"进行了定义。但是，一个精心选择的名字，其特殊的、技术上的含义不应当与它的普通含义范围冲突。奇怪的是，信息论中的"信息"一词违反了这一常理。

对比一下狄更斯《双城记》中的开篇短语——"**这是最好的时代，这是最糟糕的时代…**"和摘自同一本书第 50 页第 10 行中的一个由 50 个字母、空格和逗号组成的序列——"**eon jhktsiwnsho d ri nwfnn ti losabt，tob euffr te…**"，对我来说，前者包含丰富的联想，而后者没有任何意义。前者具有含义和形式；后者则没有。然而，这两个短语可以说承载着相同的信息量，因为它们有相同的来源。两者都是从英文著作中提取的 50 个字符序列。（编者注：前者原文为由 50 个字母、空格和逗号组成的序列。）

信息专家和通信工程师更加关注的是传输给定形式信息的能力，而不是特定信息的内容。1948 年，克洛德·香农（1916—2001）发表了其著作《通信的数学理论》开创了**信息论**的研究。他在论文中指出："通信的这些语义方面的问题与工程问题无关。重要的是，实际消息是从一组可能的消息中选择的消息。系统的设计必须针对每一种可能的选择进行操作，而不仅是实际被选择的那个，因为在设计时这是未知的。"

根据香农的信息论，所有可能的消息或符号的集合就是一个**消息源**。它包含消息或着生成消息，实际的消息就是从中选择的一个消息。信息论关注的是对消息源的特征描述，而不是对特定消息的特征描述。

8.2 哈特莱信息

1928 年，哈特莱（1888—1970）第一次对消息源的信息量进行了量化。他使用了两个数字，一个是组成消息的等长序列中的字符数 n，另一个是每个字符可能被设定的等概率符号的数量 s。请注意，哈特莱消息源中的 s^n 个不同的消息本身必须是等概率的，因为它们由相同数量的等概率符号组成。哈特莱符号可以是字母表中的字母，也可以是点和破折号，还也可以是自然数。如果这些符号本身就是等概率的消息，即每一个符号都可以看作一个整体，那么他的逻辑就是可行的。

哈特莱认为一个消息源的**信息**度量 H 需要具有两个性质。首先，H 必须与 n 成比例，n 是每个消息序列中的字符数。因此

$$H = nf(s) \tag{8.1}$$

其次，H 必须是一个关于 s^n 的单调递增函数

$$H = g(s^n) \tag{8.2}$$

其中，s^n 为消息源所包含的等概率的不同消息的数量。毕竟，包含两倍字符的消息源应该包含两倍的信息，而包含更多消息的消息源应该包含更多的信息。

根据式（8.1）和式（8.2）的要求，有

$$nf(s) = g(s^n) \tag{8.3}$$

其中 $f(x)$ 和 $g(x)$ 都是定义域为 $x \geqslant 0$ 的单调递增函数。满足

式（8.3）的可导的单调递增函数 $f(x)$ 和 $g(x)$ 只有一个，即

$$f(x) = g(x) = c \ln x \qquad (8.4)$$

其中 c 是任意的正常数。（习题 8.1 给出了这一陈述的证明。）考虑一个消息源，其中的每一个消息都包含 n 个字符，且每一个字符都用等概率的符号 s 来实现，哈特莱定义该消息源的信息量为

$$H = c \ln s^n \qquad (8.5)$$

方程式（8.5）巧妙地说明了一个基本原理：**消息源的信息量与它包含的不同的等概率消息的数量的对数成正比。**

没有任何实验可以确定常数 c 的值，但是可以用常数 c 来确定 $H = 1$ 时的值，也就是说，可以用 c 来确定信息的单位。当 $c = 1$ 时，$H/n = \ln s$，H 用**奈特**（自然对数）表示。哈特莱在他 1928 年的论文中使用 $c = 1/\ln 10$。在这种情况下，有

$$\frac{H}{n} = \frac{\ln s}{\ln 10} \qquad (8.6)$$

$$= \log_{10} s$$

因此，由数字 $0, 1, 2, \cdots$ 和 9 组成的消息源其 $s = 10$，可以说每个消息字符蕴含的信息量为一个**哈特莱**单位。选择常数 $c = 1/\ln 2$ 将会十分方便，我们很快就会明白其中的原因。于是

$$\frac{H}{n} = \frac{\ln s}{\ln 2} \qquad (8.7)$$

$$= \log_2 s$$

H/n 的单位是**比特**（bit）（二进制数字的缩写）。一个消息源包含了所有可能的消息，每一个消息由 n 个字符组成，每一个字符只能用 $s = 2$ 个等概率的字符实现，每个字符包含 1bit 信息。一般来说，常数 c 决定了对数的底 b。当 $c = 1/\ln b$ 时，$H = \log_b s^n$。

一个应用实例

有时人们会听到一条特定消息中包含了很多比特信息，例如，"011100 包含 6bit 信息"。更准确的说法应该是消息 011100 来自一个

由 6 个字符序列组成的消息源，每一个字符序列都是由等概率的 0 和 1 组成。在这种情况下，$n=6$，$s=2$，根据式（8.5），产生消息 011100 的消息源的信息量为 6（$6\log_2 2$）bit，4.16（$6\ln 2$）奈特或 1.81（$6\lg 2$）哈特莱。

符　号　H

为什么哈特莱采用符号 H 来表示信息？坦白地讲，我们并不知道。哈特莱想要纪念自己的名字这个理由似乎不太可能。有可能是因为他认为 $cln s^n$ 与玻耳兹曼著名的 H 定理中的 H 在结构上是相似的。但是如果是这样，哈特莱肯定是弄错了，至少是在一定程度上弄错了。除了标准化常数外，哈特莱的 H 与玻耳兹曼的 H 符号相反。因此，消息源的玻耳兹曼 H 越大，其信息量 H 越小。

例题 8.1　洗　　牌

问题：一副扑克共 52 张牌，被完全打乱。（a）作为一个整体，洗牌的信息量是多少？（b）从这副洗好的牌中抽出 5 张扑克牌的信息量是多少？

解：这里我们根据基本原则，即**消息源的信息量与它包含的不同的等概率消息的数量的对数成正比**。考虑洗牌和抽牌的所有可能的排列方式。由于每一种排列方式都是等概率的，所以我们只需要数一数它们的个数即可。对于洗牌，共有 52！种不同的等概率排列方式，从中任意抽取 5 张牌，则有 52×51×50×49×48 种不同的等概率方式。因此，洗牌的信息量为 $\log_2 52!$ 或 226bit，抽取 5 张牌的信息量为 $\log_2$（52×51×50×49×48）或 28.2bit。

8.3　信息和熵

哈特莱的信息度量 $cln s^n$ 不应该类比于玻耳兹曼的 H，而是应该类比于孤立系统的绝对熵 $k\ln\Omega$。这两种度量，即信息和熵，在结构上是相似的。其他方面的类比还包括：

一个符号	一个简单系统的微观态
一个单字符消息	一个简单系统
一个字符序列	一个复杂系统
一条特定消息	一个复杂系统中的微观态
一个消息源	一个复杂系统的系综
等概率消息的数目	等概率微观态的数目
常数 c	玻耳兹曼常数 k
消息源的信息量	孤立系统的熵

但是，极其相似并不意味着完全一致。仅仅从名称上，无论是熵还是信息量，我们都不能很好地分辨消息源和物理系统的系综这两个概念。毕竟，物理上的熵是热力学定律的结果，并且它遵循这些定律，而信息量则是具有一定内在属性的描述性度量。显然，这两个概念即使在形式上相似，但是在本质上也是不同的。

缺失信息量

第三个术语为**缺失信息量**，更恰当地说，它应该是参照于物理和化学中的熵以及信息论中的信息而提出的一种平行结构。哈特莱信息度量 $c\ln s^n$ 实际上就是**缺失信息量**，即从消息源所包含所有可能的具有 n 个字符的消息中选择其中一个消息（每个字符都可以被 s 个符号所替换）所缺少的信息量。如果我们将物理上的熵 S 除以玻耳兹曼常数 k，结果 $S/k = \ln\Omega$ 也是确定物理系统微观状态所需的缺失信息量。

例题8.2 缺失信息量

问题：在300K的温度下，由金刚石中的碳原子组成了一个三维爱因斯坦固体，则其中每个原子的缺失信息量是多少？

解：这个问题等价于爱因斯坦固体的熵式（4.14）所隐含的 S/Nk 值，所以有

$$S(E) = c(N) + 3Nk\left\{\left(\frac{E}{3Nh\nu} + \frac{1}{2}\right)\ln\left(\frac{E}{3Nh\nu} + \frac{1}{2}\right) - \left(\frac{E}{3Nh\nu} - \frac{1}{2}\right)\ln\left(\frac{E}{3Nh\nu} - \frac{1}{2}\right)\right\}$$

它的能量表达式（4.13）为

$$E = 3Nh\nu_0 \left[\frac{1}{2} + \frac{1}{(e^{h\nu_0/kT}-1)} \right]$$

在 $T=300K$ 温度下金刚石的参数特性为 $h\nu_0/k=1325K$。此外还必须将 $c(N)$ 设置为0，因为只有符合热力学第三定律的物理系统的缺失信息量才能与消息源的信息量相对比。比较发现，$h\nu_0/kT = 1325/300 = 4.42$，$E/3Nh\nu_0 = 0.512$，因此，每个碳原子的缺失信息量 $S/Nk = 0.196bit$。

8.4 香农熵

1948 年，克洛德·香农推广了哈特莱的信息度量，并寻找另外一个名称来取代这个具有潜在误导性的"**信息**"一词。在考虑并放弃了"**选择**"和"**不确定性**"之后，香农选择了"**熵**"这个词，毫无疑问，这是因为物理和化学上的熵与信息论中的"信息"之间有着极高的相似性。回想一下描述哈特莱的信息 $H = c\ln s^n$，它描述了由等概率消息或符号组成的消息源的熵。这样的消息源类似于包含等概率微观状态的孤立系统的系综。但是，就像一个非孤立物理系统并不是等概率地占据其微观状态一样，一个比哈特莱更复杂的消息源也应该由非等概率的符号所实现。

考虑一个由 26 个英文字母组成的信息。哈特莱认为，假设英文的 26 个字母以相同的概率 $P=1/26=0.0385$ 出现，则由这些符号组成的消息中每个字符的信息量 H/n 为 $\log_2 26$ 或 4.70bit。但是，对英文文本进行简单的检查，我们就会发现，字母表中的字母出现的概率并不相同，特别是字母 e 出现得最频繁。事实上，通常它出现的频率为 0.13。字母 t 出现的频率为 0.091，字母 j 出现的频率为 0.015，字母 z 出现的频率是 0.0074（见表 8.1）。如果想要描述一个产生文本的消息源，且文本中的特征符号出现的频率跟英文文本一样，那么就不能假设字母表中的字母是等概率的。

构建香农熵

香农推广了哈特莱的信息量，引入了符号的非等概率性，从而构建了一个新的信息度量。为了重新阐述香农的论点，我们讨论一个消息源的缺失信息量或熵 $H(n_1, n_2, \cdots, n_s)$，该消息源由所有可能的 n 个字符序列组成，每一个序列的长度为 $n = n_1 + n_2 + \cdots + n_s$，它由 s 个符号组成，其中第 i 个符号出现的次数为 n_i。为此我们只考虑非常长（$n \gg 1$）的等长度消息，在这种情况下，第 i 个符号出现的频率 n_i / n 就非常接近于其概率，于是

$$P_i = \frac{n_i}{n} \tag{8.8}$$

这里，自然满足守恒条件

$$\sum_{i=1}^{s} n_i = n \tag{8.9}$$

和 $\sum_i P_i = 1$。尽管组成消息的符号出现在每条消息中的概率不相等，但是此消息源中的每条足够长的等长度消息都是等概率的。于是我们可以采用哈特莱在分析中提出的基本原则："**消息源的信息量与它包含的不同的等概率消息的数量的对数成正比。**"第一个符号出现 n_1 次，第二个符号出现 n_2 次，以此类推，可以形成的不同的等概率的 n 字符序列的数量为 $n! / (n_1! n_2! n_3! \cdots n_s!)$，所以有

$$H(n_1, n_2, \cdots, n_s) = c \ln \left(\frac{n!}{n_1! n_2! \cdots n_s!} \right) \tag{8.10}$$

其次，我们要求一个 n 字符序列的信息缺失量或熵 $H(n_1, n_2, \cdots, n_s)$ 应该是遵守相同概率规则的单字符序列的熵 $H(P_1, P_2, \cdots, P_s)$ 的 n 倍，也就是说，

$$\begin{aligned} H(n_1, n_2, \cdots, n_s) &= H(nP_1, nP_2, \cdots, nP_s) \\ &= nH(P_1, P_2, \cdots, P_s) \end{aligned} \tag{8.11}$$

这里 n_i 和 P_i 之间的关系式为式（8.8）。条件关系式（8.11）是哈特莱条件关系式（8.1）的一般形式，它类似于物理上对熵的要求，即熵是其变量的广延函数。

结合这两个要求式（8.10）和式（8.11），有

$$H(P_1, P_2, \cdots, P_s) = \frac{1}{n}H(n_1, n_2, \cdots, n_s)$$

$$= \frac{c}{n}\ln\left(\frac{n!}{n_1!\,n_2!\cdots n_s!}\right)$$

$$= \frac{c}{n}\left[n\ln n - n - \sum_{i=1}^{s}(n_i\ln n_i - n_i)\right] \quad (8.12)$$

$$= \frac{c}{n}\left[n\ln n - \sum_{i=1}^{s}n_i\ln n_i\right]$$

$$= \frac{-c}{n}\sum_{i=1}^{s}n_i\ln\left(\frac{n_i}{n}\right)$$

$$= -c\sum_{i=1}^{s}P_i\ln P_i$$

这个等式序列的第一行使用式（8.11），第二行使用式（8.10），第三行假设 $n \gg 1$，最后一行使用式（8.8）。若一个消息源由非等概率符号实现的单字符消息组成，则它的缺失信息量或熵为

$$H(P_1, P_2, \cdots, P_s) = -c\sum_{i=1}^{s}P_i\ln P_i \quad (8.13)$$

这就是**香农熵**。

退化为预期结果

香农熵式（8.13）在适当的极限条件可以退化为预期结果。例如，当所有的符号都是等概率的，即 $P_1 = P_2 = \cdots = P_s = 1/s$，则

$$H(P_1, P_2, \cdots, P_s) = -\frac{c}{s}\sum_{i=1}^{s}\ln\left(\frac{1}{s}\right) \quad (8.14)$$

$$= c\ln s$$

结果回到一个单字符消息的哈特莱信息量，该消息由 s 个等概率符号实现。当一个符号出现的概率为 1 而其他符号出现的概率为 0 时，香农熵为

$$H(1, 0, \cdots, 0) = -c(1 \times \ln 1 + 0 \times \ln 0 + 0 \times \ln 0 + \cdots) \quad (8.15)$$

$$= 0$$

这里我们规定 $0 \times \ln 0 = 0$ 是为了重新获得 $x \to 0$ 时 $x \ln x$ 的极限。因此，始终产生相同符号或消息的消息源，其香农熵为零。

例题 8.3 两 个 符 号

问题：一个消息源产生两个符号，第一个符号的概率为 p，第二个符号的概率为 $q = 1-p$。当 p 为何值时，这个消息源的香农熵最大？

解：当用 bit 来衡量时，这个单字符双符号消息源的香农熵为

$$H(p,q) = -p\log_2 p - q\log_2 q$$
$$= -p\log_2 p - (1-p)\log_2(1-p)$$

使 $H(p,1-p)$ 最大的 p 值是下列方程的解

$$-\log_2 p - 1 + \log_2(1-p) + 1 = 0$$

即 $p = 1/2$。如图 8.1 所示的 $H(p,1-p)$ 曲线图证实了最大值位于 $p = 1/2$ 处。因此，最大的香农熵是 $H(1/2,1/2) = \log_2 2$ 或 1bit。

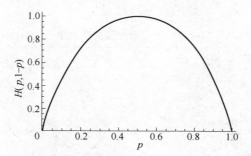

图 8.1 消息源的香农熵 $H(p,1-p)$ 与概率 p 的关系图。该消息源产生两个符号，其概率分别为 p 和 $1-p$

例题 8.4 英文文本的熵

问题：一个消息源产生字母表中的单个字符，且每个字符出现的频率跟英文文本中出现的频率相同，则该消息源的香农熵是多少？

解：英文文本中字母出现的频率（如表 8.1 所示）很容易在网上找到。我们假设这些频率近似于概率。文本越长，这个假设就越准确。计算英文文本中每一个字符的香农熵，即使乏味烦琐，但很简

单。香农熵为

$$H(0.0817, 0.0149, \cdots) = -0.0817 \times \log_2(0.0817) -$$
$$0.0149 \times \log_2(0.0149) \cdots$$
$$= 4.47 \text{bit}$$

该值略小于在所有 26 个字母都是等概率出现的情况下获得的值 4.70bit。显然，英文文本中的字母出现的不确定性更小，缺失的信息量更少，香农熵也更小。

8.5 法诺码

香农熵的一个应用就是评价编码效率。编码是指将一个符号字母表（原始信息源是由该字母表组成）编译成另一个符号字母表（通常是二进制数字），以便于电子传输。编码消息源的香农熵与原始消息源的香农熵越接近，编码的效率就越高。

表 8.1　字母表中的字母在英文文本中出现的频率

字　母	概　率	字　母	概　率	字　母	概　率
a	0.082	j	0.0015	s	0.063
b	0.015	k	0.0077	t	0.091
c	0.028	l	0.040	u	0.028
d	0.043	m	0.024	v	0.0098
e	0.13	n	0.067	w	0.024
f	0.022	o	0.075	x	0.0015
g	0.020	p	0.019	y	0.020
h	0.061	q	0.00095	z	0.00074
i	0.070	r	0.060		

例如，假设一个消息源产生符号 a，b，c 和 d，其概率分别为 0.5，0.2，0.2 和 0.1，如表 8.2 所述，则该消息源的每个字符的香农熵为

$$-0.5 \times \log_2 0.5 - 2 \times 0.2 \times \log_2 0.2 - 0.1 \times \log_2 0.1 = 1.76 \text{bit} \qquad (8.16)$$

　　编码器的任务是将字母 a，b，c 和 d 转换为可传输的二进制数字 0 和 1 的组合。显然，出现最频繁的是字母 a，应该用最短的二进制数字序列来表示，以此类推，但具体该如何处理呢？法诺码就是一种方法。法诺码的目标是使用 $\log_2(1/P_i)$ 的二进制数字来表示第 i 个符号。由于 $\log_2(1/P_i)$ 并不总是一个整数，所以法诺码仅是一个近似方法。如图 8.2 所示的树状图给出了此消息源的法诺码算法。

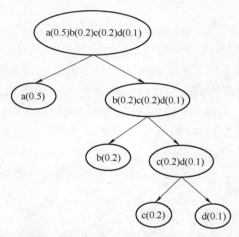

图 8.2　二进制编码的法诺算法的树状图，符号 a，b，c 和 d 出现的概率分别为 0.5，0.2，0.2 和 0.1

　　根据生成树状图的算法及其所表示的法诺码，我们将原始符号按概率递减的顺序排列，在图 8.2 中，a(0.5)，b(0.2)，c(0.2)，d(0.1) 位于树的第一层叶子上。然后在第二层叶子上，我们把这个有序的大组分成两个有序组，使它们的总概率尽可能接近相等，即 a(0.5) 是一组，b(0.2)，c(0.2) 和 d(0.1) 是另外一组。如果符号在最左边的一组，则第一个二进制数是 0；如果在最右边的一组，则第一个二进制数是 1。再次以相同的方式分割每片含有多个符号的叶子，第二个二进制数给定的方法与前面一致。依次分割下去，直至每个符号都出现在一个单独的叶片上。通过这种方法，我们就获得了符号的二进制表示形式，见表 8.2 中的最后一行。

表 8.2 信息源以给定的概率生成符号 a，b，c 和 d。
最后一行：代表这些符号的法诺二进制代码

符号	a	b	c	d
概率 P_i	0.5	0.2	0.2	0.1
$\log_2(1/P_i)$	1	2.32	2.32	3.32
二进制表示	0	10	110	111

法诺码在设计上是解码唯一的。例如，当使用表 8.2 所示的法诺码从左到右读取序列 111010100111000 时，只能将其解码为 dabbadaaa。一些看来更加有效地将符号编码成二进制数的方法是无法解码的。例如，采用另一个比法诺码更短的编译规则，a↔0，b↔1，c↔10 和 d↔11，再来解码 111010100111000。因为我们不知道最前面的 1 是它本身还是 11 中的第一个数字，所以我们不知道第一个字母是 b 还是 d。

用表 8.2 所示的法诺码所编写的文本，每一个可传递符号的平均香农熵为

$$0.5×1+0.2×2+0.2×3+0.1×3 = 1.80\text{bit} \qquad (8.17)$$

它稍高于每一个原始源产生的符号的香农熵值 1.76bit。虽然存在更多有效的编码方案，但它们都不能将可传递码的香农熵压缩到源码的香农熵以下。

将式（8.16）中每个二进制数字的香农熵的结构与式（8.17）中每个可传递二进制数字的平均熵的结构进行对比，就可以知道为什么法诺码要用 $\log_2(1/P_i)$ 的二进制数字的编码符号来表示原始字母表的第 i 个符号。如果两者完全一致，那么二进制码中每个字符的平均香农熵将与原始字母表中每个字符的香农熵完全匹配。

8.6 数据压缩和错误校正

假设你定期收到来自一个啰唆的、做事糟糕但深受你喜爱的朋友发来的电子邮件。过了一段时间，你就会意识到，你朋友的电子邮件

的内容总是下面三个等频率出现的消息中的其中一条：（1）"寄钱。"（2）"你明天能安排我住宿吗?"（3）"干杯!"

有一天，你收到一封无法辨认来源的电子邮件，因为你是一个技术爱好者，所以在阅读这封邮件之前，你就知道它包含了 1000 个字符，每个字符都用一个标准字节（即 8bit）编码。在这一点上，信息源的香农熵似乎是（1000 个字符）×（8bit/字符）即 8000bit。然后你仔细地看这条信息，发现它来自你那个做事糟糕的朋友。根据它的来源，你意识到，不管它的字符有多少，这个消息都是那 3 个标准消息之一。消息的熵突然下降至 $\log_2 3$ 即 1.58bit，这个值也可以通过浏览消息来快速恢复。实际上，通过识别其文本的冗余，你已经将消息的熵压缩了 8000/1.58，即 5000 倍。当然，在压缩电子邮件的过程中，包含在你朋友邮件细节中的一些真实的（相对不重要的）信息已经丢失了。这种压缩就是一个**有损压缩**。

有损数据压缩

有损数据压缩算法在减小音频、视频和多媒体文件大小方面特别有用，这些文件通常存储数十亿字节的信息。例如，音频压缩算法可以消除对人耳来说部分或完全不敏感的音频频率。视频压缩算法可以消除编码图像中的多余部分，这些多余部分的内容可以被准确地猜测出来。通常多媒体文件的香农熵的有损压缩比的范围为 4~8。

错 误 校 正

然而，冗余信息并非都是坏的。毕竟，冗余是一种在嘈杂的通信信道中防止错误积累的保护措施。最佳的错误校正策略是删除不重要的，重复重要的，即选择压缩之后再解压缩。早在数字计算机时代之前，畅销书《风格元素》初稿的作者威尔·斯特伦克教授就抓住了这一要点。根据 E. B. 怀特的说法，斯特伦克教授最喜欢的风格就是："省略不必要的词"。他写到

"……他删掉了那么多不必要的话，而且删掉得那么有力，那么急切，那么津津有味，他似乎经常处于欺骗自己的境地——一个没有

什么话可说却有时间去填补的人，一个超越时钟的广播预言家。威尔·斯特伦克用一个简单的技巧摆脱了困境：他每句话都说了三遍……规则十七：省略不必要的词！省略不必要的词！省略不必要的词！"

斯特伦克教授这种把每条消息重复两次的习惯在二进制代码中很有效。例如，在传输过程中，噪声可能会随机地将二进制数字 1 或 0 从一个转换到另一个。如果错误率是每三个符号中不超过一个被转换，那么把每个数字发送三次可以使接收器总能恢复原始信息。如果原始数字是 1，那么重复两次将产生 111。如果接收到的错误数字不超过一个，则接收到的消息将是 111（无错误），或者是 011、101 或 110（一个错误）。在任何情况下，正确的数字 1 都可以得以恢复，因为它是出现最频繁的数字。

为了纠正传输错误而重复两次二进制数字，会使接收到的消息源的熵是原始消息源的熵的 3 倍。如果错误率比 1/3 还小，我们就可以提高这个比率。

例如，假设噪声使 5 个二进制数字中发生转变的不超过 1 个。为了尽量减少所需的冗余，同时能够保证所传输的代码得到纠正，我们成对地发送二进制数据，比如 X_1，X_2，其中 X_1 和 X_2 是预期的二进制数字 0 或 1。发送一对二进制数两次产生 X_1，X_2，X_1' 和 X_2'，其中，令 $X_1 = X_1'$，$X_2 = X_2'$。假设接收到的序列为 X_1，X_2，X_1'，X_2'，且有 $X_1' = X_1$ 和 $X_2' \neq X_2$，后者是因为错误导致的。接收者只知道第二个二进制数字 X_2 或第四个二进制数字 X_2' 在传输过程中被转换。为了解决这种模糊性，我们需要在序列中再添加一个二进制数字。代替 X_1，X_2，X_1'，X_2'，编码器发送五位序列 X_1，X_2，X_1'，X_2'，X_3，其中 $X_1 = X_1'$，$X_2 = X_2'$，X_3 且满足

$$X_1 + X_2 + X_3 = 偶数 \qquad (8.18)$$

其中"偶数"可以是 0 或 2，这取决于消息源中 X_1 和 X_2 的值。如果 $X_2 \neq X_2'$，且 $X_1 + X_2 + X_3 = $ 偶数，那么接收者知道 X_2 是正确的，X_2' 是不正确的。另一方面，如果 $X_2 \neq X_2'$ 且 $X_1 + X_2 + X_3 = $ 奇数，其中"奇数"表示 1 或 3，则接收者就知道 X_2 的接收值是不正确，X_2' 是正确的。因

此，以 5 位数序列的形式发送一对二进制数会使接收到的代码的熵增加到至多 2.5 倍——相比重复两次策略的倍数 3 倍有所改善。更小的错误生成率可以让编码器进一步降低这个比率。

8.7 缺失信息量和统计物理

信息论为我们提供了一种新的语言，它在结构和词汇上都与第 2~7 章中描述物理系统的语言相平行。我们在第 8.3 节中已经探讨了这种平行性的部分内容，本节将在此基础上继续探究这个问题。

信息源是一个符号或消息的集合，在该集合中，第 i 个元素出现的频率反映了其概率 P_j。我们也可以把一个物理系统，更确切地说是一个物理系统的系综，看作成一个信息源。假设我们可以询问一个物理系统，并且在每次查询中都会获得一条描述系统微观状态的消息——再次令描述第 i 个微状态的第 i 条消息出现的概率为 P_j。基于此原因，我们可以说熵 S 等价于消息源的缺失信息量

$$H = \frac{S}{k} \tag{8.19}$$

$$= -\sum_j P_j \ln P_j$$

这个消息源产生描述物理系统系综的消息。式（8.19）所描述的缺失信息量以奈特为单位。然而，信息论和统计物理学之间的并行性不仅是用一个名字代替另一个名字。信息论为我们研究物理系统的统计力学提供了一种新的思路。

统计物理的信息论方法的主要任务是分配描述物理系统的可能的微观状态的概率 P_j。在进行这种分配时，指导信息专家的几条原则，在效果上，可以代替指导物理学家的热力学第一定律和第二定律。

这些原则包括：（1）用概率 P_j 对我们对系综的认识进行量化；（2）定量过程中并没有引入无根据的假设或偏见；（3）概率也必须满足归一化条件

$$\sum_j P_j = 1 \tag{8.20}$$

这里的求和是对给的定宏观状态的所有微观状态或者是对系综求和。

一般来说，我们在约束条件允许的情况下让概率 P_j 几乎相等来避免无根据的假设或偏差。如此，在满足式（8.20）和任何其他关于量化系综的约束条件下，将使缺失信息量 H 最大化。回想一下，**丢失信息量**、**不确定性**和熵都是同义词。因此，最大化缺失信息量就等价于承认所有的不确定性。通过最大化缺失信息量来承认所有不确定性的原理常被称为**最大熵原理**。

微正则系综

作为一个简单的例子，考虑这样一种情况：我们对一个物理系统一无所知，只知道它占据了一组微观状态。于是我们寻求系统实现这些微观状态的概率 P_j 的无偏分配。为了避免引入偏差，我们在只满足归一化条件式（8.20）下，将系统缺失信息量 H 最大化。受约束的缺失信息量为

$$-\sum_j P_j \ln P_j + \alpha \left(1 - \sum_j P_i\right) \tag{8.21}$$

将它对 P_i 求导数，并让导数为零可得

$$-\ln P_i - 1 - \alpha = 0 \tag{8.22}$$

因此，微观态的概率为

$$P_i = e^{-(1+\alpha)} \tag{8.23}$$

显然它是等概率的。由于式（8.21）关于概率 P_i 的二阶导数小于 0，所以式（8.23）确定了式（8.21）的相对最大值，而不仅是一个平稳值。根据式（8.23）和归一化条件式（8.20）可得 $P_1 = P_2 = \cdots = P_\Omega = 1/\Omega$。因此

$$\begin{aligned}
H &= -\sum_j P_j \ln P_j \\
&= \sum_{j=1}^{\Omega} \left(\frac{1}{\Omega}\right) \ln \Omega \\
&= \ln \Omega
\end{aligned} \tag{8.24}$$

其中 Ω 是系统所有可能的微观态数。

正 则 系 综

与周围环境处于热平衡状态的系统，其能量可能会发生变化，从而占据不同的微观状态 j，其概率为 P_j，能量为 E_j。一般来说，这些微观状态被迅速、连续地占据。由于系统的平均能量 $\langle E \rangle = \sum_j P_j E_j$ 是我们所说的系统的内能，因此我们采用

$$\langle E \rangle = \sum_j P_j E_j \tag{8.25}$$

和归一化条件式（8.20）作为约束条件，来定义**正则系综**。

我们再次寻求描述这个系统的概率 P_i 的无偏分配。在式（8.20）和式（8.25）这两个约束条件下，我们将该系综的缺失信息量最大化。因为有这两个约束条件，所以可以使用两个拉格朗日乘子：α 和 β。最大化约束的缺失信息量为

$$-\sum_j P_j \ln P_j + \alpha \left(1 - \sum_j P_j \right) + \beta \left(E - \sum_j P_j E_j \right) \tag{8.26}$$

这意味着再次执行已经进行了两次的相同流程，这两次分别在第 3.4 节和第 5.4 节。最后我们得到了一个概率分布

$$P_i = \frac{e^{-E_i/kT}}{\sum_j e^{-E_j/kT}} \tag{8.27}$$

即正则系综中的一个系统占据能量为 E_i 的微观态 i 的概率 P_i。

统计力学的信息论方法

统计力学的信息论方法再现了这些标准结果以及其他标准结果。但它会产生新的结果吗？信息论的语言似乎把物理系统的统计力学纳入了一个更普遍的框架。当然，E. T. 杰恩有力地证明了统计力学本质上是一个最小化偏差的例子。这种最小化的主要工具就是他所宣称的最大熵原理。但问题仍然存在。消息源和表示物理系统的系综，两者之间是否存在联系？如果存在，它们以何种方式联系？这仍然是一个有待于研究的问题。

习　题　8

8.1　推　导　对　数

证明：在定义域 $x \geqslant 0$ 上存在唯一连续函数 $f(x)$ 和 $g(x)$，且两者满足关系式（8.3），$nf(s) = g(s^n)$，也就是说，$f(x) = g(x) = c\ln x$，其中 c 是一个任意常数。（提示：对方程 $nf(s) = g(s^n)$ 中的 n 和 s 求偏导，将函数 $g(s^n)$ 从这两个方程中消去，求出 $f(s)$。）

8.2　信　息　量

（a）一个消息源由下列等概率消息组成：11，12，13，14，21，22，23，24，31，32，33，34，41，42，43 和 44。以 bit 为单位，这个消息源的信息量是多少？

（b）一个消息源由下列等概率消息组成：11，12，13，14，21，22，23 和 24。以 bit 为单位，这个消息源的信息量是多少？

8.3　分　组　编　码

（a）一个消息源由所有可能的四个字符长的消息序列组成，序列中的每个位置都可以用 27 个等概率符号（字母表中的 26 个字母和一个空格）中的其中一个来表示，以 bit 为单位，这个消息源的信息量是多少？

（b）假设问题（a）中所描述的信息源被编译成另一个由所有可能的 12 个字符长的消息序列组成的消息源，其中消息序列中的每个位置可以用 3 个等概率符号（数字 1，2 和 3）中的其中一个来表示。（有关编译规则，请参阅表 8.3。）以 bit 为单位，这个消息源的信息量是多少？

（c）证明这两个消息源的信息量相等。

表 8.3　习题 8.3 中的编码规则

a=111	b=112	c=113	d=121	e=122	f=123	g=131	h=132	i=133
j=211	k=212	l=213	m=221	n=222	o=223	p=231	q=232	r=233
s=311	t=312	u=312	v=313	w=321	x=322	y=331	z=332	space=333

8.4 成绩的信息量

向学生传达成绩，（a）成绩等级分为 A、B、C、D 和 F；（b）成绩等级分为 A、A-、B+、B、B-、C+、C、C-、D+、D、D- 和 F。以 bit 为单位，这两种情况下的香农熵分别是多少？假设每个等级的概率相等。

8.5 不可能结果

如果消息源中的其中一条消息是不可能的，即出现的概率为零，那么不可能的消息对消息源的熵的贡献有多大？（提示：从关系式

$$H(P_1, P_2, \cdots, P_s, 0) = H(P_1, P_2, \cdots, P_s) - \lim_{P \to 0} P \ln p$$

开始，使用洛必达法则求极限。）

8.6 高效的法诺码

假设一个消息源可以生成字母 a、b、c 和 d，其概率分别为 1/2，1/4，1/8 和 1/8。（a）求这个消息源的香农熵；（b）找出表示这些字母的法诺二进制代码；（c）求法诺码中每个符号的平均熵。

8.7 汉明纠错码

当噪声信道的误码率不超过 7 位序列中的 1 位二进制数字时，可以将 7 位二进制数字序列中的数据发送 4 位可校正的二进制数字：X_1、X_2、X_3、X_4、X_5、X_6、X_7，其中数字 X_1、X_2、X_3 和 X_4 是数据，其余 3 位二进制数字 X_5、X_6 和 X_7 用来确保可纠正性。这些 7 位二进制序列被称为汉明（7，4）代码，以计算机科学家理查德·汉明（1915—1998）的名字命名。他在 1950 年发明了这种校正方案。校正数字 X_5、X_6 和 X_7 由下列要求所确定，即

$$X_1 + X_2 + X_3 + X_5 = 偶数$$
$$X_1 + \_\_ + \_\_ + X_6 = 偶数$$

和

$$X_1 + \_\_ + \_\_ + X_7 = 偶数$$

每个空格（__）表示 X_1、X_2、X_3 和 X_4 中的任意一个。

（a）用一组二进制数字填补上述等式的空白，使数据可校正；

（b）假设二进制数 0 和 1 以相同的概率出现，汉明代码的 7 位序列以及它所表示的二进制数据的 4 位序列的香农熵分别是多少？

后　　记

熵是什么?

"熵并不是一种局域的、微观的现象,即使在我们的想象中,也无法指出具体位置并说'看!有熵'。""如果我们坚持用与其本质不相符的方式去理解一个主题,我们终将会感到失望。"尽管这些说法也是事实,这本书中的 8 章内容已经能够让我们给出一个建设性的答案,来回答这一问题——"熵是什么?"

任何对熵的简短描述都必然是形象的。因为修辞手法的一个作用就是把复杂的意思从一个延展性描述转换成一个词语或短语。事实上,我们已经考虑过几种适合于特定情况的熵的形象描述:转化量、无序、不确定性、相空间的传播以及缺失信息量。转化量是克劳修斯提出的方法,指的是如何用熵函数来表示一个孤立系统可能的演化方向。相空间的传播,虽然适用于统计系统,但取决于对相空间技术概念的熟悉程度。

长期以来,**无序**一直是一个最受欢迎的熵的同义词。但是最近,用来描述低熵系统和高熵系统的有序和无序已经失宠。这是因为科学家们已经开始着迷于研究那些能够从明显无序中产生明显有序的孤立系统。例如,考虑一瓶彻底摇匀的水和橄榄油。当不受干扰时,水和橄榄油开始分离,并形成不同的两层,上面一层是密度较小的橄榄油。然而,即使在这个过程中,油-水系统的熵也在增加。因此,尽管有序和无序具有暗示意义,但它们也可能会造成误导。

缺失信息量是从所有可能的微观状态集合中选择一个特定的微观状态或从消息源的所有可能的消息中选择一条消息所需的信息量的度量。因此,缺失信息量是一个强有力的隐喻,它使我们注意到统计物理和信息论的概念之间具有许多相似之处。**不确定性**的概念也发挥了类似的作用。如果一个系统的系综越大、变化越多，即系统的可选性越多，或者一个消息源越大、变化越多，即可提取的消息越多，那么结果的不确定性就越大，熵也就越大。

概率是我最喜欢的对熵的简短描述，这是因为概率是一个非常恰当的词，与**不确定性**和**缺失信息量**不同，它富有积极的内涵。根据热力学第二定律，孤立的热力学系统总是朝着开辟新的可能性的方向发展。一个微观态被实现或者说一个消息被选择的可能性集合越大，物理系统的熵或者消息源的香农熵就越大。

用概率表述的熵的标准定义是：**熵是系统所有可能性数量的一种可加度量。**因此，物理系统的熵是该系统可以实现的所有可能的微观态数的一种可加度量。消息源的熵是该消息源中可选择的所有可能的消息数的一种可加度量。这本书封面上的图片几乎完美地捕捉到了熵的精髓——概率。随着维持生命体的约束条件不断地消失，生命体的熵不断增加。当花朵凋谢时，它的种子在微风中飘散。即使是在这场死亡中，也有播种新生命的概率。

附　　录

附录 I　物理常数和标准定义

SI 单位制下的物理常量

名　称	符号和数值
玻耳兹曼常数	$k = 1.38 \times 10^{-23}\,\mathrm{m^2 \cdot kg/(s^2 \cdot K)}$
普朗克常数	$h = 6.63 \times 10^{-34}\,\mathrm{m^2 \cdot kg/s}$
气体常数	$R = 8.31\,\mathrm{J/(K \cdot mol)}$
电子质量	$m_e = 9.11 \times 10^{-31}\,\mathrm{kg}$
电子电量	$e = 1.60 \times 10^{-19}\,\mathrm{C}$
标准加速度	$g = 9.81\,\mathrm{m/s^2}$
真空中的光速	$c = 3.00 \times 10^{8}\,\mathrm{m/s}$
辐射常数	$a = 7.57 \times 10^{-16}\,\mathrm{kg/(m \cdot s^2 \cdot K^4)}$
原子单位质量	$u = 1.66 \times 10^{-27}\,\mathrm{kg}$

标 准 定 义

名　称	符号和定义
热功当量	$J = 4.19\,\mathrm{J/cal}$
大气压	$1\mathrm{atm} = 1.01 \times 10^{5}\,\mathrm{Pa}$
	$= 760\,\mathrm{torr}$
	$= 760\,\mathrm{mm\ Hg}$
	$= 14.7\,\mathrm{lbs/in^2}$
巴	$1\mathrm{bar} = 10^{5}\,\mathrm{Pa}$
电子伏特	$1\mathrm{eV} = 1.60 \times 10^{-19}\,\mathrm{J}$

附录Ⅱ　公　式　表

$$\ln(xy) = \ln x + \ln y$$

$$\ln\left(\frac{x}{y}\right) = \ln x - \ln y$$

$$\log_b y = \frac{\ln y}{\ln b}$$

$$\int_0^\infty \frac{x^3\,\mathrm{d}x}{e^x-1} = \frac{\pi^4}{15}$$

$$\int_0^\infty \frac{x^2\,\mathrm{d}x}{e^x-1} = 2Z(3) \approx 2.404$$

$$\int_0^\infty x^2\ln(1-e^{-x})\,\mathrm{d}x = \frac{-\pi^4}{45}$$

$$\int_{-\infty}^\infty e^{-x^2}\,\mathrm{d}x = \sqrt{\pi}$$

$$e^x = 1+x+\frac{x^2}{2!}+\frac{x^3}{3!}+\cdots, \quad x<1$$

$$\ln(1+x) = x-\frac{x^2}{2}+\frac{x^3}{3}-\frac{x^4}{4}+\cdots, \quad x<1$$

附录Ⅲ　专　业　术　语

绝对熵： 描述系统宏观状态的熵的唯一值，同热力学第三定律熵。

绝对温度： 由工作在标准状态下的热源和与被测物体处于热平衡状态的热源之间的卡诺热机的效率所决定的温度，同热力学温度。

相加性： 如果一个描述复合系统的热力学参量的值是系统各部分的值之和，那么这个热力学参量就是具有相加性的。热力学系统的熵 S 和能量 E 是具有相加性的。相加性所应用的各组成部分在空间上有时但不总是分开的。相加性与**广延量**相关。

平均能量近似：理想量子气体的一种描述，以单粒子的所有可能的微观状态数 $V(E/N)^{3/2}(4\pi em/3h^2)^{3/2}$ 为变量，单粒子是 N 粒子系统中的一个，它可占据的体积为 V，其能量为系统的平均能量 E/N。这里 e 表示自然对数的底，m 为粒子质量，h 为普朗克常数。

带隙能：半导体中价带与导带之间的能量间隔。

黑体辐射：在热力学温度 T 下与物质系统处于热平衡状态的电磁辐射。黑体辐射系统的热力学参量是它的能量 E 和体积 V。黑体辐射也称为平衡辐射。

玻耳兹曼分布：微观态概率 $P_i = e^{-\beta E_i}/\sum_i e^{-\beta E_i}$ 的一种分布，微观态的能量为 E_i，$\beta = 1/kT$，它适用于在温度 T 下与其环境处于热平衡的系统。当系统是一个单粒子理想气体时，玻耳兹曼分布就是麦克斯韦-玻耳兹曼分布，同正则分布。

玻耳兹曼熵：服从热力学第三定律的系统宏观态的熵，由 $S = k\ln\Omega$ 所描述，其中 Ω 是孤立系统的宏观状态的所有可能的等概率微观状态数。

玻色-爱因斯坦凝聚：由玻色子组成的物质的低温相，即服从玻色-爱因斯坦统计的粒子。在足够低的温度下，玻色子物质凝聚成一种宏观状态，其中所有粒子都占据一个单粒子微观状态。

玻色子：服从玻色-爱因斯坦统计的粒子。根据玻色-爱因斯坦统计，任何数量的全同玻色子都可以占据同一个单粒子微观状态。

正则分布：同玻耳兹曼分布。

正则系综：一组相同的系统，每一个系统各自独立地以概率 $P_i \propto e^{-E_i/kT}$ 实现各自的微观状态，在温度为 T 下系统与环境处于热平衡状态。

卡诺效率：在两个热源之间工作的热机的最高效率。卡诺效率为 $\varepsilon_C = 1 - T_C/T_H$，其中 T_C 是低温热源的温度，T_H 是高温热源的温度。

卡诺定理：在两个热源之间运行的效率最高的热机是可逆运行的热机。

化学势：由组成系统的粒子数的变化而产生的强度变量。化学势是当一个流体系统的熵和体积保持不变时，由一个粒子所引起的能量增量。数学符号上，化学势 μ 通过 $\mu = (\partial E/\partial N)_{S,V}$ 或 $\mu = -T(\partial E/\partial N)_{E,V}$ 描述。

经典微观状态：对系统的一种描述，它包括在任意构造的相空间单元格中确定系统可分辨粒子的位置。

经典可分辨粒子：一种粒子，由于它们在空间和时间上的轨迹不同，原则上，它们总是可以彼此分辨的。

互补性：一种原理，即完全不同的，甚至是相互矛盾的物理模型可以描述同一种现象。波和光子以互补的方式描述电磁辐射。

康普顿效应：由自由电子或基本上是自由电子所引起的 X 射线光子的散射。在这个过程中，X 射线光子向电子传递了一些动量和能量。

对应原理：量子描述在适当的极限下可退化为经典描述。

简并、简并度：字面意思为"非正常的"。在统计力学中，这个词是指具有相同能量的系统或单粒子微观状态。因此，当两个粒子占据同一个单粒子微观状态或具有相同能量的不同单粒子微观状态，则它们是简并的。少数情况下，孤立系统的多重度 Ω 也被称为简并度，因为所有系统的微观状态具有相同的能量。当然，基态，即 $T=0$ 的宏观状态，在包含多个微观状态时也是简并的。

效率：在两个热源之间工作的热机效率是热机在一个循环中所做的功 W 与在循环中从较热的热源中提取的热量 Q_H 之比，即 W/Q_H。

爱因斯坦固体：一种由原子或分子组成的晶体阵列，每一个原子或分子在三维空间中以相同的频率各自独立地做简谐振动。爱因斯坦固体中谐振子的能量是量子化的。

爱因斯坦温度：参数 $h\nu_0/k$。其中符号 ν_0 是爱因斯坦固体中所有原子振动的共同频率。爱因斯坦用爱因斯坦温度将爱因斯坦固体中的比热与实验数据相匹配。

系综：一个系统大量的虚构副本。系综中的一个副本占据一个特定微观状态的频率反映了该微观状态的概率。一些标准系综被赋予了特殊的名字。例如，微正则系综包含了给定能量下完全孤立的系统的副本，而正则系综包含了给定温度 T 下与环境处于热平衡状态的系统的副本。

熵：孤立系统热力学演化过程的不可逆性的度量，也是一个系统的宏观状态在相空间中的传播、不确定性或缺失信息量的度量。系统所有可能的布局数目的可加性度量，或者等价地，系统的所有可能性数目的可加性度量。

物态方程：描述系统宏观状态的热力学参量之间的关系。

平衡态：热力学系统的一个与时间无关的宏观状态，同热力学状态。

能量均分定理：在相空间坐标中，粒子能量中每一个平方项都使系统的内能增加 $kT/2$。在经典系统中，当配分函数的相空间积分扩展到无限远时，就可以得到均分定理。

广延量：如果一个热力学参量的值是均匀复合系统各部分的值之和，则它就是广延的。广延性是相加性的一个特例。例如，简单流体的能量 E、体积 V、粒子数 N 和熵 S 都是广延量。

法诺码：一种将符号字母表编译成二进制数字的简单方法，目的是使二进制数字的熵尽可能接近原始字母表的香农熵。

热力学第一定律：热力学系统中的能量守恒定律。

流体：任何一个仅用两个状态参量即可描述的热力学系统。这两个状态参量为各向同性压强 p 和体积 V，同简单流体。

（流体系统的）基本约束：流体系统的热力学参量之间的微分关系式 $dE = TdS - pdV$，其中能量为 E、温度为 T、熵为 S、压强为 p 和体积为 V。当流体系统是非封闭系统时，其基本约束变为 $dE = TdS - pdV + \mu dN$，其中 μ 是化学势，N 是系统的粒子数。

（统计力学的）基本假设：组成孤立系统宏观状态的所有微观状态都是等概率的。

吉布斯熵公式：熵的表达式 $S = -k\sum_j P_j \ln P_j$，它由系统占据第 j 个微观状态的概率 $P_j(j = 1, 2, \cdots)$ 所给定。由吉布斯熵公式给出的熵服从热力学第三定律。

基态：系统在 $T \to 0$ 极限下的宏观状态，即能量最低的状态。

基态压强：$T \to 0$ 时理想费米气体的极限压强，有时称为简并压强。

基态能量：$T \to 0$ 时理想费米气体的极限能量，有时称为简并能量。

热量：通过加热或冷却传递的能量。

热机：利用温差产生功的装置。

热源：同温度热源。

空穴：当电子从价带被激发到导带时，在半导体价带中所留下的空位。价带空穴和导带电子都对半导体的电导率有贡献。

信息：哈特莱的描述为消息源的信息量由等概率的符号或消息组成。信息是消息源中等概率符号或消息数量的对数。

强度量：当系统按比例放大或缩小时，如果热力学参量的值保持不变，它就是强度量。温度 T、压力 p 和化学势 μ 都是流体的强度量。

内能：热力学系统所包含的能量 E。内能不包括与系统整体的运动或位置有关的能量。

本征半导体：没有缺陷或杂质的晶体半导体。

不可逆过程：一种热力学过程，其方向只能通过有限大小地改变系统或周期环境的状态来逆转。一个非准静态的过程或一个经历摩擦、能量耗散或者滞变的过程都是不可逆的。参见可逆过程。

洛施密特佯谬：所有热力学系统都由基本粒子组成，所有热力学过程都由基本粒子的相互作用组成，且所有基本粒子的相互作用都是可逆的；但是所有非理想的热力学过程都是不可逆的。

有损压缩：通过消除冗余或不必要的信息来减少消息源的香农熵。

宏观状态：可以用少量热力学参量描述的一组微观状态。

麦克斯韦妖：一种小生物，或无生命的自动机，它可以通过利用系统各部分的流动来降低系统的熵。

消息源：可以从中提取特定消息的所有可能消息的集合，消息的系综。

微正则系综：由具有给定能量 E 的完全孤立系统的副本组成的系综。

微观状态：对一个系统中原子和分子的排列最精确的描述，参见经典微观状态。

缺失信息量：给定系统宏观状态下确定系统的一个特定微观状态所需的信息量，或者从消息源中选择一条特定消息所需的信息量，同信息熵。还与物理系统的热力学第三定律熵除以玻耳兹曼常数 k 相同。

多重度：一个孤立系统可以占据的微观状态的数量。有时也称作系统的简并度或热力学概率或统计权重。多重度的传统符号是 Ω，出现在玻耳兹曼墓碑上的多重度的符号是 W。

占有率：多粒子系统中的粒子数除以所有可能的单粒子微观状态数，即系统的平均占有数。

（单元格的）占有数：在 6 维相空间中，占据同一个单元格的粒子数。该相空间为多粒子系统中所有的粒子所共有。

配分函数：一个量 $Z = \sum_i e^{-E_i/kT}$，它对系统的所有微观状态求和，E_i 是处于微观状态 i 时系统的能量。类比单粒子配分函数。

泡利原理：原子中不可能有两个电子占据同一个单粒子微观状态。

相空间：一个多维空间，它的坐标是组成系统的粒子的位置和动量。

声子：能量束，其大小由构成固体的谐振子所能吸收或放出的能量单位决定。

光电效应：高频光照射在金属表面并发射电子。

光子：光的量子。能量 ε 和频率 ν 的关系是 $\varepsilon = h\nu$，而动量 p 和频率 ν 的关系是 $p = \dfrac{h\nu}{c}$。

量子不可分辨性：两个粒子在量子力学上是不可分辨的，当它们交换时不会导致实验有可观察到的结果。如果两个粒子在量子力学上是不可分辨的，那么它们在计数微观状态时也是不可分辨的。

准静态过程：无限缓慢的过程。经历准静态过程的系统经历一系列的热力学状态。

辐射常数：黑体辐射的能量密度 E/V 与其绝对温度的四次幂 T^4

之间的比例常数。辐射常数通常用符号 a 表示。因此，$E/V=aT^4$，量子统计结果表明 $a=8\pi^5 k^4/(15c^3 h^3)$。

随机变量： 根据一组概率而在一定范围内变化的量。

可逆性佯谬： 同洛施密特佯谬。

可逆过程： 一种热力学过程，其方向可以通过对系统或周围环境的无限小改变而反转。可逆过程必然是无限缓慢地进行的，即准静态过程，且没有摩擦、能量耗散或滞变，参见不可逆过程。

半经典极限： 量子统计表达式在 kT 远远大于单个量子的能量时的极限。

香农熵： 消息源信息量的度量。单字符消息源的信息熵由 $H=-c\sum_i P_i \ln P_i$ 给出，其中 P_i 是字符由第 i 个符号表示的概率，c 是决定信息单位的常数。

简单流体： 同流体。

单粒子配分函数： 一个量 $Z_1=\sum_j e^{-\varepsilon_j/kT}$，它是对相空间中单个粒子的所有微观状态求和，该相空间为所有粒子所共有。ε_j 为处于微观状态 j 的粒子的能量。除了全系统的约束，如对总能量 E 和粒子数 N 的约束，系统的粒子在共同相空间中各自独立地占据它们的位置时，单粒子配分函数将十分有用。

自旋统计定理： 具有偶数个自旋单位的粒子，即玻色子，可以占据同一个单粒子微观状态；具有奇数个自旋单位的粒子，即费米子，不能占据同一个单粒子微观状态。泡利（1900—1958）于 1940 年发现了自旋统计定理。

统计权重： 参见多重度。

施蒂格勒的命名定律： 没有任何发现是以最初的发现者的名字命名的。

确定变量： 具有唯一确定值的变量，不是随机变量。

经验上的温度： 物理系统的冷热程度的度量，即由温度计所确定的温度。

温度热源： 无论吸收或放出多少热量都保持温度不变的系统。热源具有极大的热容,同热源。

热力学概率:马克斯·普朗克关于多重度的术语,其同义词是热力学权重和统计权重,也等价于孤立系统的简并度。

热力学系统:遵循统计力学基本假设的宏观系统。热力学系统可以由少量几个热力学参量所描述。

热力学状态:同平衡态。

热力学温度:同绝对温度。

热力学权重:同多重度。

温度计:一个物理系统,它把体积、电阻或颜色等便捷的热力学参量的大小与一个唯一的数值联系起来。热力学参量与唯一数值相联系的方式定义了温标。

热力学第三定律熵:热力学温度为 0 的极限条件下,通过自由选择一个常规值而得到的熵的公式。公式 $S = k\ln\Omega$ 和 $S = -\sum_i P_i \ln P_i$ 都是热力学第三定律熵,同绝对熵。

附录Ⅳ 时 间 线

1742 安德斯·摄尔修斯(1701—1744)设计了一个经验温标,将水的沸点设为 0℃,冰点设为 100℃。

1745 卡罗勒斯·林奈(1701—1778)把摄氏温标颠倒过来,成为现行的摄氏温标。

1803 约翰·道尔顿(1766—1844)阐明了一个"简单的倍比定律",总结了不同元素的结合方式,并预言了原子和分子的存在。

1819 杜隆-珀蒂定律被发现。根据这个定律,固体摩尔热容 C_m 是一个普适常数 $3R \approx 25J/(K \cdot mol)$,其中 R 是所谓的气体常数。

1824 萨迪·卡诺(1796—1832)发表了《火的动力》一书,其中阐明了热力学第二定律的一种表述,并证明了卡诺定理。

1840—1850 焦耳的精确实验迫使人们接受热力学第一定律。

1848 威廉·汤姆孙(1824—1907)(后来被称为开尔文勋爵)提出绝对温度或热力学温度的概念。

1850　鲁道夫·克劳修斯（1822—1888）清楚地阐述了热力学第二定律的一种表述，并分辨了热力学第一定律和热力学第二定律。

1851　威廉·汤姆孙（开尔文勋爵）阐明了热力学第二定律的另一种表述。

1865　鲁道夫·克劳修斯提出了熵的概念。

1871　詹姆斯·克拉克·麦克斯韦（1831—1879）在他的著作《热理论》中公开了介绍麦克斯韦妖，其目的是证明熵是一个统计量或概率量。

1876　约翰·洛施密特（1821—1895）问道："如果基本粒子之间的相互作用是可逆的，为什么热力学过程是不可逆转的？"微观物理学和宏观物理学之间的这种脱节被称为洛施密特佯谬。

1877　路德维希·玻耳兹曼（1844—1906）发表了论文《第二定律与机械热理论的关系以及热平衡定律的概率计算》，在该论文中他首次将熵与宏观多重度联系起来，并用其确定处于热平衡状态下的最可几占有数宏观态。

1900　马克斯·普朗克（1858—1947）宣布了对黑体辐射光谱能量密度的推导，在其推导中，他被迫假定光是以离散的、量子化的量从物质中发射出来的。

1902　约西亚·威拉德·吉布斯（1839—1903）出版了《统计力学的基本原理》。该书介绍了经典统计力学的主要方法和应用，并引入了系综的概念。

1905　阿尔伯特·爱因斯坦（1879—1955）发表了关于布朗运动、狭义相对论和光电效应的开创性论文。

1906　沃尔特·能斯特（1864—1941）提出了热力学第三定律。

1907　爱因斯坦提出晶体的简单量子模型，即所谓的爱因斯坦固体，开启了现代凝聚态物理学的研究。

1912　建立量子化相空间中理想气体广延熵的萨克-特多鲁特方程。

1923　阿瑟·霍利·康普顿（1892—1962）观察到了康普顿效应，在这种效应中，光子撞击自由电子将能量和动量传递给电子。

1924　7月，萨特延德拉·纳特·玻色（1894—1974）通过计算光子气体的微观状态，得到了黑体辐射的光谱能量密度。

1924 7 月，爱因斯坦将玻色计算微观状态数的方法应用于静止质量不为零的粒子气体。

1925 1 月，沃尔夫冈·泡利（1900—1958）提出了泡利原理，根据泡利原理，一个原子内没有两个电子可以占据相同的单粒子微观状态。

1925 1 月，阿尔伯特·爱因斯坦预言了一种新的物质相的存在，这种物质后来被称为玻色-爱因斯坦凝聚体。

1925 7 月，维尔纳·海森堡（1901—1976）提出了量子力学的第一种形式。

1926 1 月，埃尔温·薛定谔（1887—1961）介绍了量子力学的波动力学形式。

1926 2 月，恩里科·费米（1901—1954）指出在粒子的统计中，没有两个粒子可以占据相同的单粒子微观状态，这些粒子后来被称为费米子。

1926 8 月，保罗·狄拉克（1902—1984）将对称波函数和反对称波函数分别与玻色-爱因斯坦和费米-狄拉克统计联系起来。

1928 哈特莱（1988—1970）定义了一种消息源信息量的度量 $H \propto \ln s^n$，消息源发出的消息长度为 n，每个字符都可以由 s 个等概率的符号表示。

1929 利奥·西拉德（1898—1964）分析麦克斯韦妖与单粒子气体的相互作用。西拉德的论文开创了关于信息和熵之间联系的一系列研究，这些研究至今仍然有用。

1933 在维也纳中央公墓，路德维希·玻耳兹曼的墓碑上刻着方程 $S = k \log W$。

1940 沃尔夫冈·泡利发现了自旋统计定理，根据该定理，具有偶数个本征自旋的粒子（玻色子）可以占据相同的单粒子微观态，而具有奇数个本征自旋的粒子（费米子）不能占据相同的单粒子微观状态。

1948 克洛德·香农（1916—2001）发表了他的论文《通信的数学理

论》，开启了信息理论的现代研究。

1949 罗伯特·法诺（1917—）和克洛德·香农各自独立地分别发明了一种称为法诺或香农-法诺码的编码方案。根据这种编码方案，符号的字母表可以被有效地编译成二进制数字。

1950 爱德华·珀塞尔（1912—1997）和罗伯特·庞德（1919—2010）创造了一个能呈现负温度的核自旋系统。

1995 埃里克·康奈尔（1961—）和卡尔·威曼（1951—）将弱相互作用玻色子（铷原子）气体冷却到临界温度以下，产生了玻色-爱因斯坦凝聚体。

附录 V　部分习题答案

1.1　因为重物-流体复合系统是一个孤立的系统，且经历了不可逆转过程，所以该流体系统的熵增加。

1.2　略。

1.3　$C\ln(T_f/T_i)$。

1.4　$\Delta S/n = nR\ln(V_f/V_i)$。

1.5　$\Delta S/n = -(R/2)\ln2$。

1.6　（a）物态方程（3）和（4）不遵循热力学第一定律和第二定律。状态方程（1）、（2）和（5）遵循热力学第一定律和第二定律。

（b）物态方程（1）的熵函数是 $S(E,V) = a\ln V - b^2/E$，物态方程（2）的熵函数是 $S(E,V) = b\ln(EV)$，而物态方程（5）的熵函数是 $S(E,V) = abV + b\ln E$。

1.7　$T = 1/aV^2$ 和 $p = 2aEVT$。

1.8　（a）$E = C_V T + (V - V_0)^2/(2\kappa_{T_0}V_0)$ 和 $p = \alpha_{p_0}T/\kappa_{T_0} - (V - V_0)/(\kappa_{T_0}V_0E_0)$。

（b）否。当 $T \to 0$ 时，S 不会变化到与热力学状态参量无关的有限常数。

1.9　（1）违反热力学第三定律；（2）违反热力学第三定律；（3）违反热力学第三定律并违反 $T>0$；（4）违反热力学第三定律；

（5）违反热力学第三定律；（6）违反热力学第三定律且违反 $T>0$；（7）都不违反。

2.1　（a）$\Delta S = k\ln(3^{1100}/2^{1000})$。

（b）$(2/3)^{1000}(1/3)^{100}$。

2.2　（a）4。（b）13。（c）52。（d）这两个事件是独立的。

2.3　14%，n 约为 90。

2.4　（a）n^N 和 10^{100}。

（b）$(N+n-1)!/N!(n-1)!$，1.34×10^{40}。

（c）$n!/N!(n-N)!$，1.01×10^{29}。

2.5　（a）$\Omega = N!/(n_+!n_-!)$；

（b）$S(L) = c+(Nk/2)[2\ln2-(1-L/Na)-(1+L/Na)\ln(1+L/Na)]$；

（c）$F = (kT/2a)[\ln(1-L/Na)-\ln(1+L/Na)]$；

（d）$F = -(kT/Na^2)L$。

3.1　2.26×10^{19}。

3.2　（a）$E = \dfrac{3NkT}{2}-aN^2/V^2$。

（b）$S(E,V,N) = c(N)+Nk[\ln(V-Nb)+(3/2)\ln(E+N^2a/V)+(3/2)\ln(4\pi e/3Nm)]$。

（c）略。

（d）$p = NkT/(V-Nb)-aN^2/V^2$。

3.3　（a）$E = \dfrac{5NkT}{2}$和 $pV = NkT$。

（b）每个分子具有 5 个自由度——3 个平动自由度和 2 个转动自由度。

3.4　$\Delta S = (2pV/T)\ln2$。

3.5　$S(E,N) = pN+3Nk[1+\ln(E/3NHv_0)]$，其中 p 是任何实数。

3.6　517m/s^2。

4.1　（a）$hv_0/kT = \ln[(x+1/2)/(x-1/2)]$，$z_1 = \sqrt{(x+1/2)/(x-1/2)}$。

（b）略。

4.2　6.1×10^{-6}。

4.3 略。

4.4 （a）$Z_1 = 1 + e^{-\varepsilon/kT}$；

（b）$E = N\varepsilon e^{-\varepsilon/kT}/(1 + e^{-\varepsilon/kT})$；

（c）$C = Nk(\varepsilon/kT)^2/(1 + e^{\varepsilon/kT})^2$。

（d）当温度足够低时，热容也很低，因为系统不能吸收任何能量，除非它吸收足够的能量后开始填充高能状态。或者，当温度太高时，热容很低，因为大多数颗粒已经处于高能状态。

4.5 略

4.6 略

4.7 $\mu/T = 5k/2 - S/N$，其中 S 由萨克-特多鲁特熵公式（4.2）给出。

4.8 （a）$n_+/N = e^{2m_B B_0/kT}/(1 + e^{2m_B B_0/kT})$，$n_-/N = 1/(1 + e^{2m_B B_0/kT})$；

（b）$\lim\limits_{T\to\infty} n_+/N = 1/2$，$\lim\limits_{T\to 0} n_+/N = 1$，$\lim\limits_{T\to\infty} n_-/N = 1/2$，$\lim\limits_{T\to 0} n_-/N = 0$。

（c）0.112K。

4.9 （a）$C = Nkx^2 e^{2x}/(1 + e^x)^2$，$x = 2m_B B_0/kT$。

（b）当 $T\to 0$ 时，$C\to 0$；当 $T\to -\infty$ 时，$C\to 0$；当 $T\to -\infty$ 时，$C\to 0$。

4.10 （a）$M = Nm_B[(e^{2m_B B_0/kT} - 1)/(e^{2m_B B_0/kT} + 1)]$。

（b）略。

（c）$C = Nm_B^2/k$。

5.1 （a）$P = 1/(1 + e^{-\varepsilon/kT})$，$P_1 = e^{-\varepsilon/kT}/(1 + e^{-\varepsilon/kT})$。

（b）$S = k[(\varepsilon/kT) e^{-\varepsilon/kT}/(1 + e^{-\varepsilon/kT}) + \ln(1 + e^{-\varepsilon/kT})]$。

（c）略。

5.2 略。

6.1 略。

6.2 （a）略。

（b）$(N/E)^{3/2}(N/V)(h^3/2m)^{2/3} \geqslant 1$。

（c）$N/n \geqslant (3/2\pi e)^{3/2} \approx 0.0742$。

6.3 略。

6.4 $NkT/E_0 \approx 0.377$ 因此，气体处于量子状态。

6.5　$R = (1/M^{1/3})(h^2/Gmm_p^{5/3})(5/2\pi e)(3/4\pi)^{2/3}$。

7.1　（a）$p^\nu = -(8\pi kT\nu^2 \mathrm{d}\nu/c^3)\ln(1-\mathrm{e}^{-h\nu/kT})$。

（b）$p = (8\pi^5/45)(k^4T^4/h^3c^3)$。

（c）略。

7.2　$4.04\times10^{13}\,\mathrm{Pa}$。辐射压强与太阳中心处的气体压强之比为 1.00×10^{-2}。

7.3　（a）$\varepsilon(\lambda) = (8\pi h/c\lambda)^5/(\mathrm{e}^{hc/\lambda kT}-1)$。

（b）$\lambda_{\max} = 0.2014(hc/kT)$。

（c）5800K。

7.4　$60.4V(kT/ch)^3$。

7.5　$E = 1.27NkT(T/T_\mathrm{C})^{3/2}$。

7.6　略。

7.7　略。

8.1　略。

8.2　（a）$2\log_2 4 = \log_2 16 = 4\mathrm{bit}$。

（b）$\log_2 8$ 或 $3\mathrm{bit}$，因为在这里消息而不是组成它们的符号，是等概率的。

8.3　（a）$4\log_2 27$ 或 $19.02\mathrm{bit}$。

（b）$12\log_2 3$ 或 $19.02\mathrm{bit}$。

（c）略。

8.4　（a）$\log_2 5$ 或 $2.32\mathrm{bit}$。

（b）$\log_2 12$ 或 $3.58\mathrm{bit}$。

8.5　略。

8.6　（a）$1.75\mathrm{bit}$。（b）$a\leftrightarrow 0$，$b\leftrightarrow 10$，$c\leftrightarrow 110$，$d\leftrightarrow 111$。

（c）每个符号 $1.75\mathrm{bit}$。

8.7　（a）一个空为 X_2 和 X_4，另一个空为 X_3 和 X_4。

（b）$7\mathrm{bit}$ 和 $4\mathrm{bit}$。